JN115842

食料生産に学ぶ
新たなビジネス・デザイン

―産業間イノベーションの再構築へ向けて―

當間政義 著

文眞堂

はしがき

　イノベーションという概念および用語が日本の社会で脚光を浴び，盛んに取り上げられるようになって久しい。経済的動向に多分に影響する企業および組織の経営とマネジメントに関わることが，その主たる理由であろう。このようにイノベーションが脚光を浴びている社会的状況下において，当然のことながら，産業，企業および組織は，この重要性を認識し，盛んに取り入れる学習（ラーニング）を行い，それを内化して，現在そして将来の来るべき経営環境に対する適応可能な状況への礎を築く努力をしている。

　とりわけ，第2次産業，第3次産業以降の産業にとっては，このプロセスに抵抗が少なく，エコシステムのように関係グループの枠を越えた結合形態までもが見られる状況になっている。しかしながら，第1次産業におけるイノベーションに対するラーニングと内化のプロセスはいかがであろうかという疑問を持ったところから本研究は始まっている。

　近年，海外から輸入されている農産物や食料品が非常に多くなってきたという印象を受ける。これらすべてが悪いというわけではない。しかしながら，食料の安全性やトレーサビリティ，品質等の視点から考えてみれば，我が国の基準と同等であるかと問えば定かではない。食料問題として生産面について考えてみると，その主体は間違いなく農業である。農業に関する問題が数多く取り上げられている現状を鑑みる限り，何らかのアプローチが必要となる。特に，農業従事者の減少という後継者の問題は非常に大きな問題である。また，土壌を利用する農業は，台風や地震あるいは干ばつといった自然の猛威にも非常に大きく影響を受けている。このような状況下において，もちろん農業は問題の解決と課題の克服のために努力をしているであろう。しかしながら，消費者そして広く社会全体にとってみれば，この状況を理解しつつも，やはり日本の農産物を食したいという状況に変わりがない。したがって，農業の努力がさらなる飛躍と社会的理解を受けるためにも，農業のあり方について今一度検討する

必要性を感じるのである。

　やや結論めいた言葉をいえば，第2次産業に位置づけられる植物工場（plant factory）ビジネスの登場は，食料生産についての新たな試みである。この植物工場は，その先進国とされるオランダで芽生え，その後，各国で取り組まれている。日本では 1980 年頃の取り組みである。現在，農業 EXPO のようなところへ出向けば，新時代の農業あるいは都会型農業として，この植物工場が位置づけられている。具体的な例を2つ挙げてみよう。1つ目の例として，英国のロンドンでは，第2次世界大戦時代に地下 33m に作られた防空壕を利用してシティファーム（city firm）と呼ばれる植物工場が営まれている。また，2つ目の例として，日本の千葉県千葉市の幕張新都心の地下では，世界初の全自動の植物工場が稼働し，野菜栽培としてマクハリ野菜の生産が行われている。このように記すと，産業という枠組みからすれば，農業かそうでないかという議論になりかねない。ここでの議論は，植物工場が農業よりも優れているかどうかということでもない。要は，現代社会において，あらゆる問題・課題は，価値創造に向けて学習とイノベーションを行う必要があるということである。食料生産の問題や課題も，社会的在として認識されうる主体を否定することなく受容し，どう共存して発展していくのかということである。他の第2次産業，第3次産業がそうであるように，イノベーションに対する能動的な対応を受容することを検討する必要がある。

　第1次産業もまた，問題点や課題の克服，そして，さらなる飛躍を考えてみれば，同一産業内での知の共有のみならず，様々な異産業の知を受容し，そして生産過程における1つのプロセスとして，これをイノベーションとして内化することが，当該産業にとっても，消費者や社会にとっても，たいへん意義のあることと考えられるのである。

　本書は，活性化という用語を用いるが，ひとたびダメになってしまった農業を想定し，その復活としての活性化（revitalization）を検討するのではない。むしろ農業が，現在の状況からさらなる飛躍という名の再活性化（rejuvenation）を検討するのである。この点について，誤解を招かぬよう明記しておく必要がある。そのため，本書は価値創造を前提とした創造社会における産業間イノベーションと題し，ビジネス・デザインとしての視点から検

討と考察を行う試みなのである。

　ところで本書は，博士号学位申請論文（2018年度）『生産要素の結合の変化と経営形態に関する研究―食料生産における生産主体を中心として―』を加筆修正したものである。もともと，序章，本論の第Ⅰ章から第Ⅵ章そして結章の全8章の構成であった。これを加筆・修正し，第1章から第9章の構成として本書の構成に至っている。

　本研究を進めるにあたり，数多くの方々にご指導とご助言をいただいた。それをなくして本研究を完成させることは到底できなかったであろうと私自身，確信している。指導教授である亀川雅人先生には，立教大学大学院のビジネスデザイン研究科ビジネスデザイン専攻博士後期課程に在籍することを快くご承諾していただいた。思えば長くも短い3年間だったが，指導教授として主査を務めていただき，多大なるご指導を承った。この場を借りて，心より感謝を申し上げる次第である。私の稚拙な主張において，強き思いが先行し言葉にならないアイデアの羅列は，さぞかし亀川先生を落胆させそして悩ませたことだろう。それを回顧してみると，とても恥ずかしくもあり，反省の言葉以外，何も見つからないのが正直な言葉である。亀川先生のお導きがなければ，本研究を論文としてまとめるまでには至らなかったと思っている。亀川先生には，お礼と感謝の言葉をここに申し上げたい。また，黒木龍三先生ならびに大山利男先生には，副査として，数多くの励ましと同時に，非常に前向きで建設的なご助言の数々をいただいた。重ねてお礼と感謝を申し上げたい。また，すでに修了された先輩の皆々様，研究を志す博士課程の大学院生の皆々様，また合同ゼミナールおよび亀川ゼミナールの場において，そして時に大学院生室においても，どのような方向で研究をまとめていったら良いのか，壁に頭をぶつける私の意見に対し，丁寧に耳を傾けとても親身になって，ご相談とご助言の数々をいただいた。皆々様にいただいたご助言や批判など，その1つ1つが本研究の貴重な礎となっており，良きアドバイスとなった。皆々様には，とても感謝する次第である。さらに，本研究に対して発表の機会を与えて下さった，日本マネジメント学会，ビジネスクリエーター研究学会そして韓国経営教育学会におきまして，座長，司会者，コメンテーターならびに査読の先生方には，数多くの有益なコメントをいただいた。先生方には心からお礼を申し上げる。

　加えて，2020 年 4 月からは，臺灣外交部（Ministry of Foreign Affairs）より，"Taiwan Fellowship Visiting Scholar" を授与され，そして勤務校の和光大学よりサバティカル期間と学術図書刊行助成を与えていただいた。博士号学位申請論文に加筆・修正し，著書として出版にこぎつける時間をいただいた。お礼を申し上げる次第である。

　また，文眞堂社長の前野隆様，担当者として前野眞司様より，たいへん丁寧なアドバイスをいただいた。ここに謝辞として述べたい。

　最後に，研究活動を陰ながら支えてくれた家族，妻浩子，長女毬乃，次女結月そして姉道子，弟勝正，母祥江そして亡き父由之に感謝の意をここに申し上げたい。

2020 年 9 月 30 日
台湾・台北市・古亭の 1 室にて

當間政義

目　　次

第1章

序　　論

　本書の導入にあたる本章は，本研究の目的（問題の所在），対象そして構成について概説していくことにする。

1.　本研究の目的―問題の所在―

　まず，本研究は，歴史的に位置づけられる第1次産業の農業について，生産性に関する諸問題とイノベーション（innovation）が与える経営形態の変化について，ビジネスという視点から検討していくことにする。食料生産の主体は，一般的に，農業が担うという認識である。しかしながら，土地に制約される農業従事者の所得は増加せず，限られた所得を維持し，これを分配するための国家の政策や組合的な制度設計が必要とされる。ここでいう制度は，農地（土地）を所有するという固定化された閉鎖的な生産関係を意味する。しかしながら，他方で製造業やサービス業は，多種多様なイノベーションを生み出し，農業を取り巻く経営環境を変化させている。土地を基点とする固定化した農業とその経営環境との間の矛盾が，様々な問題を惹起させているといえよう。

　そこで，本研究の最終的な目的であるが，安全な食料の安定供給に関する生産方法および技術の問題について検討することである。食料生産については，食料安全保障と呼ばれることもあるように，我が国のみならず，世界的にも重要な問題として位置づけられる。例えば，農林水産省は日本の食料自給率について，2016年度38％であると報じており，先進諸国の中で最も低い値として

危機感を煽っている[1]。国内産業の保護がなければ，当然のことながら食料輸入は高まる。同時に，価格の低下による恩恵を受けることができる反面，安全性に対する不安を抱えることも否定できなくはない[2]。そして，産地偽装を招くに至り，生産履歴（トレーサビリティ）の不明などといった様々な問題が発生している現状にあるといえるであろう。

　また，近年，天候不順による農産物の高騰は食料供給の不安定さを招くこととなり，非常に重要深刻な要因となっていることも挙げられよう。東日本大震災による大津波やこれによる原発事故，台風や洪水に至るまで，自然災害が頻発している状況にある。これらの影響によって，食料供給に関する問題が数多く発生するに至っている。

　こうした状況を受け，食料生産の安定的な供給を実現化する方法を考察しなければならない。そのためには，本研究が着目する視点として，食料生産の主体として企業家的な視点を検討することである。経済発展がイノベーションにあるとすれば，当然のことながら農業の発展にもイノベーションが期待される。農業の発展とは，安全な食料を安定的に，しかも安価に供給するシステムの構築が重要となる。このシステムの構築は，もちろん企業家によるイノベーションが要請されると考えられる理由でもある。これまで日本の農業には，イノベーションを受け入れる制度条件が欠落していたといえる。もちろん誤解を招かぬように述べておくが，農業それ自体がイノベーションを怠ってきたわけではない。しかしながら，土地に拘束され，資本市場と労働市場が閉ざされているため，新たな生産要素の結合が生まれなかったのである。換言すれば，イノベーションを受け入れるビジネスとして農業を捉えるならば，既存の制度を破壊するだけの企業家的な視点を導入することを検討しなければならないということである。

　既述のように，農業については，農業生産物（農産物）を安定的に供給するために，様々な制度設計がなされてきたことはいうまでもない。農家の所得を安定化させるための価格維持の政策や補助金などの諸制度は，自由な市場機能を損ねることとなる。競争的な参入と退出のない市場を前提にした組合企業は，顧客の利益を守ることよって，生産者である農家の共同の利益を守るための仕組みを構築してきたのである。しかしながら，制度が維持され，生産関係

が固定化されることで，農業は自由な生産，販売活動を選択することができなくなった。農地とその農地の所有者，経営者，生産従事者，販売者，農業技術の導入方法，農機具やその他の資材購入，それに労働者の雇用や資本調達方法の自由度等々，数を挙げれば切りなく挙げられるであろうが，これらが狭められることになる。農地を中心とする農家の私有財産は，利潤を追求する資本主義的な私有財産制度とは乖離していたといえるのである。それは，利潤を探索する機能を有する企業家が不在だったためである。

　日本の農業は，まさに国家の管理下に置かれているといっても過言ではない。農家の保護は，私有財産の価格変動リスクを回避することであり，最低所得の保障となっていた。価格は市場によって決まるのではなく，農業に固有のシステムの中で構築されてきたのである。現代の農業が抱える諸問題は，グローバル化した自由な市場経済と管理された農業との狭間で生じている。そのため，管理された農業とは，農業従事者自身が組織的に管理する経営形態ではなく，他者による管理に委ねる責任回避型の経営といえるのである。

　企業家は，たいてい利潤探索の機会を選択する。これに準じていえば，食料生産における生産性を向上させるための機会選択を検討することに他ならない[3]。農業は，歴史的に特殊な生産構造である。農業を取り巻く経営環境に応じて変化させていく必要があろう。経営環境に適さない構造の矛盾が蓄積されてくると，新たな農業経営の形態に転換していくことになる。あるいは，農業という枠組みそのものを問いただすことを意味するかもしれない。それは，産業の成長および発展のプロセスの中で農業を動学的に検討していくことを意味する。産業プロセスは，まさに絶えず古い構造を破壊し，新しい創造を作り出すことで，経済構造を常に内から変革しているという指摘[4]がある。このように，産業プロセスを基盤として，新しい創造へと変化させる成長を促す見解が必要になる。

　農業を営む者は，土地，労働力，機械や肥料などの生産要素を投入し，収穫時にコメや小麦を産出物として刈り入れることになろう[5]。農業従事者が自らの利潤（私有財産）を最大化しようと試みれば，最少費用で生産し，最大限の産出水準を得ようと試みるはずである。各生産要素の選択は，利潤を最大化する合理的選択である。この行動原理に従う限りにおいて，農業の生産性はより

高めることができると考えられる。

　加えて，価格の高低は，代替効果と所得効果によって需要される量を増減させるであろう[6]。これらは，ある財の価格が上昇すればその財に代わる財を求める傾向にあるという代替効果，そして価格が上昇すると消費を控えるという所得効果である。

　一方，供給者側は，価格が上昇した財を他の生産に代替して増産し，これまでの価格では利益を確保できなかった生産者の参入で供給量が増加することになる。農作物も価格の動きに対応して消費者は購入量を調整する。しかしながら，農家は生産要素の増減を選択することができない。農地の供給は，農地を所有するものにのみ限られた非弾力的なものである。そのため，農作物の価格が上昇しても，農地は容易に拡幅することができないことになる。農家の労働力においても非弾力的であり，そのため農家は，利潤最大化の行動原理にしたがうことができないのである。

　ここで，土地と労働力が固定されているときを想定して検討してみよう。資本の参入と退出が可能であれば，農産物の価格に対応した供給の増減が生じることになる。農業以外の産業においては，生産要素の結合によって，農業と同等の農作物を生産できる方法が探索されることになる。それは，肥沃でない土地に時間をかけて耕作する機会と，植物工場（plant factory）のような新たな生産手段としてのビジネスを模索する投資機会の選択である[7]。この植物工場に対する認識は，農業の代替的生産という位置づけと，農業を補塡する機能を与えることになる。

　農業と植物工場という2つの企業形態の相違は，資本結合方法の相違であり，同時にその経営形態を変化させることを検討することである。生産活動は，一般的に，労働力と土地の制約条件を克服するために資本を用いる[8]。農業についてもまさしく同様であり，生産要素は，労働力，土地，資本の間において非可逆性の関係がある。しかしながら，第2次産業に位置づけられる植物工場は，第1次産業に位置づけられる農業とは異なる。これらの生産要素の間に変化が起これば，農地に適した土地がなくとも生産が可能である。換言すれば，植物工場の生産要素は，土地が資本の概念に取り込まれ，労働力と資本という2つの生産要素で捉えられることになる。そして，生産要素の結合形態の

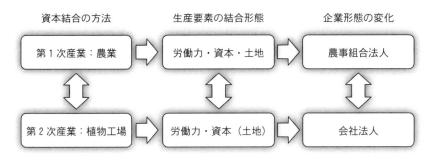

資本結合の方法　　　　　生産要素の結合形態　　　　企業形態の変化

第1次産業：農業　→　労働力・資本・土地　→　農事組合法人

第2次産業：植物工場　→　労働力・資本（土地）　→　会社法人

出所：筆者作成。

図 1-1　本研究の概念関係図

変化は，企業形態の変化を導くことになる。所与の土地と結びついた農業は，農事組合法人として存在する。一方で，植物工場は，会社法人という企業形態になる。以上の諸関係をまとめると図 1-1 になる。

　会社法人としての植物工場は，農村というような概念で捉えられる人間関係から離れ，会社法人としての物的生産関係へと変化する。本研究が着目するのは，こうした農業の生産性を補填する植物工場ビジネスとの関係，そしてこの機能を検討することである。食料生産に関する社会問題を生産技術やイノベーション，投資機会や企業形態という視点から分析する。ここで着目する植物工場というビジネスは，農業という第1次産業と植物工場ビジネス（工業・製造業）という第2次産業の間にある。植物工場は，詳細には，第5章以降で検討されるが，施設内で生産されるため様々な利点がある。簡単にいえば，天候に左右されることが少なく，生産量を安定して確保することができ，生産におけるプログラム化が安定供給を可能にする。また，生産物はほぼ無菌状態で栽培されるため，生産物に対する安心あるいは安全が確保できることなどの特徴がある。近年，日本の植物工場は，中国，ベトナム，タイ，シンガポールをはじめ，中東やロシアなどの国々へ進出している[9]。また，オランダをはじめ，英国や米国などでも，独自の進化を遂げ，これら社会で注目されている。乾燥気候，寒冷気候あるいは農地の狭隘などの地域では，植物工場によって，安定した生産が可能な植物工場への期待が高まっている。食料生産という社会的に重要な問題解決の要請に応える主体としての植物工場は，農業と同様のものを代

替生産できるのであれば，農作物の生産にイノベーションを移入するという貢献を果たすことになる。換言すれば，食料生産における農業の欠点や弱点を完全に補完できる主体が存在すれば，既存の農業は根底から変化を迫られ，農業の生産関係は創造的破壊によって一新することになる。しかしながら，既存の植物工場は，1つの市場を形成するほど農業に対して大きな影響を与えるわけではなない。野菜や菌類などといった限定的な生産しか担うことができない。それゆえに，食料生産に関係する社会の問題解決の一助となる可能性がある。農業という産業そのものを変化させるだけの影響力を持つものであるとは言い難い状況である。現段階では，その影響力がとても軽微であるものの，植物工場の参入が農業に与える影響を観察することは重要である。

　年々，関心が高まりつつある植物工場であるが，投資機会としての植物工場の成否は，回収期間を経なければ検証できない。そのため，本研究では，仮説検証型の研究という形式をとらないことにする。現在進行形の変化を描写することで，現在の農業問題を浮き彫りにし，あくまで農業の再活性化を軸に検討することに目的がある。植物工場の現状を分析し，生産要素の新結合をもたらすことで，これをイノベーションとして位置づける。しかしながら，比較検討することや経済発展として位置づけることについては，極めて慎重な態度をとる。単に，その導入が企業形態を変化させ，農業とは異なる資本調達や雇用形態といった経営形態になることを考察することにとどめることも併せて明記しておくことにする。

　もちろん，植物工場というビジネスへ参入する戦略的な意図や実際の経営で経験する問題点，そして持続的に成立させていくための経営条件などには着目する必要がある。これらの前提となる食料供給力の向上や対象となる品目は限定されるが，食料生産の安定供給の必要性を問うことの方が社会にとって必要不可欠な課題であり，本研究ではこの点に着目したのである。

　これまで論じてきたように本研究の目的は，食料生産の主体である農業と補完的機能，代替的機能を携えた新たなビジネスとしての植物工場について着目し，この間の移り変わりをイノベーションとして捉え考察することである。

2. 本研究の対象

　さて，本研究の対象であるが，食料生産における主体は，これまで述べてきた通り農業である。我々の社会の中で，有史以来，農業は非常に長く続く産業である。その農業は数々の問題点や課題があり岐路に立っている。したがって，本研究の問題点を検討するにあたり，食料生産の主たる農業をまずは検討していくことにしよう。農業の問題点を検討していくと，そこには制度的な枠組みで囲い込まれている背景がある。しかしながら，ビジネスの視点で捉えた農業は，競争する市場における生産主体として，農業に代替する食料の生産方法を携えた植物工場という生産主体を受け入れることになる。なぜなら，そこには競争状況が存在するからである。

　ところが，日本の農業は効率的な経営を行うために，生産から販売までの流通プロセスを当該農家の外部の主体に任せていた。それが農業協同組合（以下，農協とする）である[10]。こういった状況は，食料生産における農業経営者以外の新規参入者を阻止する要因でもある。

　このような食料生産の状況から，本研究の研究対象を述べていくと下記の通り4つに区分できる。これを図示すると図1-2のようになる。

　本研究の第1の研究対象として，経営学のビジネスの視点から検討することである。農業を研究対象とする学問分野は，一般的に農業経済学や農業経営学の分野で議論されてきた。これらの視点から議論をすると，そこには農業という制度，ある意味で保護された状況の中で出てきた農業問題を意味するものとなり，農業の数々の問題を解決には至らない。そして，依然としてイノベー

出所：筆者作成。

図 1-2　本研究の対象

ションを産業全体で受け入れる必要性もなく，同時に内なるイノベーションに頼る状況では，どんどん陳腐化していっているのが現在の状況であろう。現代社会においてこれが適合するかどうかという時代背景を踏まえ，農業の問題あるいは課題の解決の糸口を見出す必要がある。したがって，経営学が対象とするビジネスの視点から検討することを本研究の対象とする。

　同一産業内あるいは同一分野内での知見は非常に重要であり，否定する余地がない。しかしながら，濃度が濃くなると微に入り細を穿つばかりとなり，別産業あるいは別分野の知見を受容し，これをラーニング（learning：学習）によって内化しなければ，現代社会において，さらなる成長や発展には漕ぎ着けられないのではなかろうか。これは第1の研究対象にも関係することになるが，同時に次の第2の研究対象にも影響を及ぼすことになる。

　本研究の第2の研究対象について述べてみよう。食料生産の生産者として農業に代替する機能を持つ植物工場に着目して検討を行うことである。食料生産においてビジネスを基調とした時，社会や経済がその影響を大きく受けることになる。国内と海外の市場が対象となると，そこには，国内の食料需要をどのように賄うのかということが問題となる。そして，この点を充実させていくだけの生産力を日本の農業が持ち合わせているのかが問題となる。

　加えて，日本は天災ともいうべき自然災害の非常に多い国である。地震やこれに伴う津波の2次的災害，あるいは台風や干ばつなどの自然災害は数多く，いずれにしても自然と密接に関係する農業にとって重要なものとなる。この影響を受けた場合，農作物の価格上昇は免れない。特に，野菜は保存面でも長期保存が難しいために，自然災害の影響を非常に受けやすい。よって消費者は高騰する農作物を高価格で購入しなければならない。これでは不利益を被るのは需要者側すなわち消費者側である。これらは機会費用として，またこの費用分を補完する企業機会として，本研究では位置づけることにした。それは第1の研究対象とするビジネスの視点から議論することにも関係するが，食料生産の代替者，すなわち農業分野への新規参入者として，本研究で植物工場を事例に取り検討するのはそのためである。この植物工場は，第5章以降改めて詳述していくが，施設工場内で野菜等を生産するのが得意とされる。農業の産出物は一般的に農産物と呼ばれ，植物工場が産出物は一般的に製品や商品である。仮

に，同一の生産物であっても呼び名は異なる。農業と競合する生産者としての植物工場は，すべての農作物の市場で競合するわけではないことを述べておく必要があろう。ここでいう農作物は，農業と植物工場の両方で生産可能な農作物すなわち代替可能な生産物のことである。

　次に本研究の第3の研究対象について述べておこう。農業と植物工場の間には，生産活動における生産要素に変化が起こることである。食料生産の主体についてビジネスの視点から検討し，そして代替者が存在するという競争状態を前提とした議論になるならば，そこには生産要素の結合形態には，おのずと変化が起こることになる。これらの関係を図示すると図1-3のようになる。

　生産活動は，一般的に，土地，労働力，資本といった3つの生産要素である。図1-3の左側を参照して欲しい。食料生産における農業は，土地に比重が高いといえるが，この3つを生産関数とする。一方，植物工場はどうであろうか。図1-3の右側を参照して欲しい。第2次産業に位置づけられるこの植物工場は，第1次産業に位置づけられる農業のように，土地を限定することがない産業に代わると考えられる。したがって，そのときの生産要素は，労働力と資本（土地）という構図に変化し，生産要素は2つとなる。ちなみに図1-3の中位に位置するものは農外企業と呼ばれる，農業分野へ参入した企業である。

　そして，本研究の第4の研究対象として，上述した生産要素の違いは，生産主体としての経営形態に変化を生じさせることになる。農業が農事組合法人，そして植物工場が会社法人として経営形態が変化することを意味している。

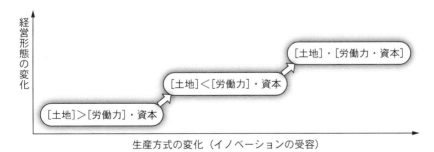

出所：筆者作成。

図1-3　本研究の研究対象の論点

3. 本研究の構成

　本研究の目的を検討するにあたり，以下に示す構成で研究を進めることにする。なお，本書の具体的な内容の概要は次の通りであり，図1-4にまとめたので参照して欲しい。

⑴ 本研究の構成

　まず，第1章「序論」（本章）では，本書における研究の目的として，問題の所在，研究対象そして構成について説明している。

　第2章「創造社会におけるビジネス・デザイン思考」では，ビジネスという視点から，産業発展のプロセスとラーニング・ソサイエティともいうべき創造社会におけるビジネス・デザインから，本研究の問題を検討する。

　第3章「食料生産における諸問題─農業の現状を中心に─」では，日本における食料生産の主体は農業といわれているが，依然として低い値を示す食料自給率に代表されるように，農業に関する数々の問題と課題について検討する。

　第4章「食料生産におけるビジネスの視点からの農業問題」では，このような問題や課題が深刻化する中で，農業に関する問題の核心はどこにあるのかについて検討し，ビジネスという視点に棚上げし検討する。

　第5章「食料生産における農業の代替的生産者─植物工場のビジネスへの着目─」では，食料生産およびその市場において，農業の問題点や課題を解決へと導くためにも，農業そのものへの影響はそれほど大きくはないが，新たな主体として近年注目を浴びている植物工場について検討する。

　第6章「食料生産における主体の比較検討─農業と植物工場─」では，ビジネスという側面から，農業と植物工場を比較検討し，本研究の理論的な枠組みとしてのまとめを行うことにする。

　第7章「植物工場の現状と実態1─アンケート調査に基づいて─」では，第6章で比較検討された点，食料生産のビジネスにおいて，農業と同等な機能を持ち得るかという視点からアンケート調査を行った。この結果に基づいて検討

しそのまとめを明記する。

　第8章「植物工場の現状と実態2―インタビュー調査に基づいて―」では，このアンケート調査の中から有力な回答者を選別し，インタビュー調査を行った。その結果について検討しそのまとめを明記する。

　第9章「本研究の考察と結論」では，本研究全体を通じての考察と結論を検討する。

　そして最後に，参考文献とする。

(2)　本研究のフローチャート

　本研究の構成をフローチャートに示した。それは図1-4の通りである。

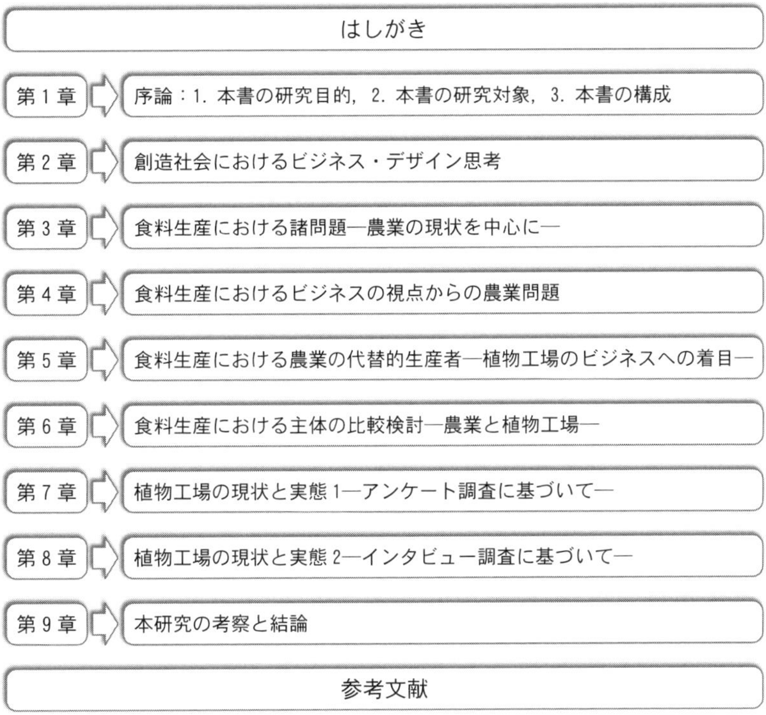

はしがき
第1章 ▷ 序論：1. 本書の研究目的，2. 本書の研究対象，3. 本書の構成
第2章 ▷ 創造社会におけるビジネス・デザイン思考
第3章 ▷ 食料生産における諸問題―農業の現状を中心に―
第4章 ▷ 食料生産におけるビジネスの視点からの農業問題
第5章 ▷ 食料生産における農業の代替的生産者―植物工場のビジネスへの着目―
第6章 ▷ 食料生産における主体の比較検討―農業と植物工場―
第7章 ▷ 植物工場の現状と実態1―アンケート調査に基づいて―
第8章 ▷ 植物工場の現状と実態2―インタビュー調査に基づいて―
第9章 ▷ 本研究の考察と結論
参考文献

出所：筆者作成。

図1-4　本研究のフローチャート

注

1 ） 農林水産省「食料自給率」（閲覧日：2018 年 2 月 12 日）。食料と食糧とでは，意味の異なる場合があることを注意しなくてはならない。食料という場合は，国内で生産された食料全般を意味し，一般的な総称として用いられている。これに対して，食糧という場合には，穀物のみを指す。日本では前者を用いて食料自給率としているが，他の国々には穀物自給率という用語を用いている。国際比較を行う場合，厳密には比較対象になる値ではない。したがって，この用語の使用の仕方についても議論があり問題点がある。しかしながら，本研究ではこの議論が主たるテーマではなく，食料生産の現状と問題点を指摘するために用いることであるために，これ以上の議論を割愛することにする。

2 ） 外国産の輸入食品についての悪質な食品例は数多くある。例えば，世界保健機関（WHO）が 2018 年 4 月 9 日，オーストラリアで今年発生した食中毒の原因とされているリステリア菌に汚染されたメロンが，日本をはじめとする 9 カ国・地域に輸出されていたと報じている。「リステリア菌汚染メロン，日本に輸出か」『産経新聞（2018 年 4 月 11 日）』（閲覧日：2018 年 10 月 27 日）。その他の例として，「危険すぎる中国産食品」『週刊文春（文春 online）』（閲覧日：2018 年 10 月 27 日）をはじめ，衛生管理，残留農薬問題等についての特集記事が数多く掲載されていた。

3 ） この点については，ミクロ経済学の「生産」および「生産性」の議論について，一般的に行われている項目となっている。本研究で参照した文献を挙げておく。Samuelson and Nordhaus (1989)，翻訳書，495-505 頁。

4 ） シュンペーターのイノベーションの概念を用いわかりやすく説明しているため，次の研究を引用する。Skousen (2005)，翻訳書，48 頁。

5 ） 労働基準法の労働時間規制は，農業については適用されないこととされている。「労働基準法の労働時間規制」『アグリビジネス法務ガイド』（閲覧日：2019 年 2 月 16 日）。

6 ） Samuelson and Nordhaus (1989)，翻訳書，56-69 頁。

7 ） Stiglits and Walsh (1993)，翻訳書，182-185 頁。

8 ） 亀川（2015），35 頁。

9 ） 井熊・三輪（2014），19-22 頁。

10） JA（Japan Agricultural Cooperatives の略）および農協と省略されることが多い。以降，本書では，農協という一般的通称を用いる。

第2章

創造社会におけるビジネス・デザイン思考

　本章では，前章で述べたように，食料生産に対する主体の議論についてビジネス視点で考察する。そのため，まずイノベーションという概念に着目しつつ，ソーシャル・ラーニングとして産業発展のパターンや創造社会（society 5.0）における価値創造について検討しておこう。そして，本研究の立場として，ビジネス・デザイン（desgin：設計）を検討することでもある。

1.　産業・組織における成長の要―イノベーションへの着眼―

　これまで日本の産業あるいは組織において，改善（Kaizen）やQCサークル（Quality Control circle）などにみられる取り組みを積極的に受け入れ，行ってきた。そして，これらが日本企業の強みとなって社会および経済の基盤づくりとなっていたことは周知の通りである。現在でも，あらゆる産業や組織において，数々の問題や課題への解決あるいは開発的な取り組みが行われている。この産業や組織において，近年，特に重要視しているのは，イノベーションである。本章では，まず，この産業におけるイノベーションについて検討していくことにする。

(1)　産業・組織におけるイノベーションへの着眼
　あらゆる産業や組織において，成長や発展のために様々な策が取り組まれている。あるものは，既存の財（goods）やサービス（servis）を改善および進歩させてこれらを新しくしていくものもある。またあるものは，これらを創造する目的でこれに対応すべく，産業組織の内部や外部の構造の再編を図ってい

る。また，新しく技術や装置などが開発されればこれを基軸に用いて，製品や
サービスを創造するものもある。このように取り組みは様々なものがなされて
いるが，とりわけ，現代において衝撃的であったものは，ICT（Information
and Communication Technology，以下 ICT と称する）の急速な進展であろ
う。これは産業や企業を取り巻く経営環境を激的に変化させることになった。
そして，様々な産業において生産要素の新たな結合となるイノベーションを生
起させてきた。第2次産業に分類される工業・製造業を中心としたイノベー
ションはこの最たるものであり，速度やコストの構造を飛躍的に進化させてき
た。そして，この ICT は生産者と消費者をつなぐ商業活動やサービス業など
の第3次産業へも拡大と普及をみせ，イノベーションがまた新たなイノベー
ションを惹起するという変化のサイクルをもたらしている。そこでは，各企業
が創造的破壊（creative deconstruction）の主役となるだけではない。他の企
業や他の産業のイノベーションを積極的に取り入れ，そしてこれを内化し，生
産性の能率を高める活動をしている。

　また，この ICT は，財・サービスの生産活動に関与することにとどまるだ
けではない。企業の経営戦略の策定や経営管理などへも影響を与え，技術の刷
新や経営の効率化が進められてきている。競争環境にある個別企業の経営行動
は，産業全体にまで波及している。そして，我われの生活に至るまでもこのイ
ノベーションが浸透してきている状況にある。この状況について，ドラッカー
（Drucker, P. F.）は，管理経済から企業家経済への移行とする根本的なイノ
ベーションであると表現している[1]。この企業家経済というのは，経営管理と
いう名の新技術であり，個々の発明や科学的進歩とはやや異なる点を指摘して
おかなければならない。企業家経済は，すべて仕事に対する知識の適用に新機
軸がみられるが，企業家的企業が経済活動の中心的な役割を担う経済を意味す
る。

　この点については，まさにシュンペーター（Schumpeter, J. A.）が指摘して
おり，経済活動の中で生産手段や資源，労働力などをそれまでとは異なる仕方
で新結合することをイノベーションと定義した[2]。そして，イノベーションの
タイプとして，「新しい財貨の生産」，「新しい生産方法の導入」，「新しい販路
先の開拓」，「原材料・半製品の新供給源の獲得」，「新組織の実現」という5つ

を掲げたのであった。この主張に基づいていえば，このイノベーションはあらゆる産業および組織においても起こることになる。

　本研究では，産業区分にもよるが，非常に重要な産業区分である第1次産業に起こりつつあるイノベーションに焦点を当てて考察することを試みる。なぜならこの第1次産業は，地球環境問題が問われ，なおかつ様々な資源の宝庫として我われが恩恵を被る自然（土地）を中心に生産要素を結合する生産活動だからである。そのため，自然資源の多寡や土地の肥沃度，あるいは天候などによっても，大々的に生産性が左右されることになろう。これは経済学的にいうならば，自然に対して人（労働力）と生産手段（資本）が結合することを意味している。そして，土地を中心にした社会がデザインされることになる。そこでは，そこに集う人々の政治経済（地主を中心とした封建社会的制度設計）のあり方が決まることになる。それは，企業形態の決定要因にもなっていることも，敢えてここで述べておく必要があろう。

　また，第2次産業における製造業は，規模の経済（economies of scale）を追求することに率直に向かい合ってきた。この規模の経済というのは，一般的に，生産関数における各生産要素をすべて一定の割合で変化させた場合の生産量の変化を指し示すものであると表現される。そして，中でも資本という概念に着目し，これを中心とした生産要素の結合形態である株式会社が企業形態の中心となる。ところが，自然を中心とする生産活動はどうであろうか。自然によって影響を受けるため，生産量が制約されることになる。そのため，資本を募ることだけでは，生産量を増加させることが困難であるといえよう。そして，そこに集い，生産活動を担う労働力においても，当然のことながら，自然に制約されることになる。したがって，企業の形態は，資本を中心とした組織ではなく，閉鎖的な人間関係を中心とした組合法人としての企業形態となるのである。この点については，前章でも既述した通りである。

(2)　産業におけるイノベーションへの新たな課題

　ここで第1次産業においても，イノベーション志向のパラダイム・シフトが確実に起こっていることを指摘しておく必要がある。例えば，漁業についてである。鮭・鱒，鮪・鰹そして河豚などの魚類，帆立や牡蠣などの貝類，そして

海老などの甲殻類に関する専門研究所あるいは大学などといった研究機関がある。産学連携あるいは産官学連携などと呼ばれるように，外部組織との協力体制が築かれている状況にある。例えば，養殖事業に代表されるように，その研究の成果は，魚介類の生産性に多大なる貢献を果たしている現状にある[3]。漁業は，新たな組織と結合することで，これまでとは異なる知識や技術を取り入れる新結合を起こしている。そしてその結果，漁業は水産物を扱う業種の総称として，水産業という用語が一般的なものとなってきている。しかしながら，イノベーション志向のパラダイム・シフトについて，他の第 1 次産業の農業はどうであろうかという疑問を持たざるを得ない。農業の移行はどうであろうか。上述したように，漁業（水産業）と比較すると非常に緩慢な動きであるように窺える。農業にイノベーションが移入されるということは，他の産業と同様に，既存の秩序を破壊することを意味することになる。

　そこで本研究では，産業という枠で捉えるのではなく，視点を替えて，生産要素という視点から検討することを試みる。すると農業は，土地と結びついた人間関係や閉鎖的な人間関係の中で利益を分配する組合的な企業形態に変化をもたらすことになる。農業の工業化は，産業間の境界を変化させ，管轄する省庁の統治構造にも影響を与えることになるからである。まさに産業間イノベーションである。したがって，こうした既存の秩序の破壊がもたらす弊害は間違いなく存在するであろう。こうした状況は，農業生産に従事する 1 部のイノベーターや他産業からの参入によって，既存の秩序を破壊する動きが顕在化し始めている。換言すれば，農業はかつてみられたような制約条件に変化が起きているということができるのである。

　農業におけるイノベーションは，個々のイノベーションも当然のことながら重要であるが，それだけではない。むしろ既存の制約条件からの解放が極めて重要な事柄である。しかしながら，このイノベーションは，農業にとって，土地（海，河川や湖沼なども含む）を中心に，労働力と資本が結合していた生産関数を持つものであるため，農業秩序の破壊を少なからず意味するといえるのである。

　視点を変えて検討してみよう。工業化の進展は，土地の制約から解放され，土地を資本に組み入れた生産関数となっている。農業が完全に工業化すれば，

当然，その生産関数は減価することとなる。それは労働力と資本が主要変数となることになる。この時，農業の生産性は影響の度合いはあるが，天候や土地の肥沃度といった条件とはおよそ無関係となり，資本と労働の2つに対する質（quality）と量（quantity）に影響を受けることになる。それは，資本集約的な産業へと変化することを意味する。

　ここで繰り返しになるが，本研究は，第1次産業におけるイノベーションの意義を考察し，イノベーションを阻害する要因やその移入による弊害を企業形態との関係について考察する。そのため，ビジネス視点から考えた食料生産に関する主体として，農業分野に導入されると考えられる植物工場のビジネスを事例に取り上げる。詳述は第5章以降で行うことにする。産業組織論の研究として，個別産業の視点から分析された研究は少ないという指摘[4]がある。第1次産業に位置づけられる農業の位置づけに変化の兆しもあり，この研究の意義は高まっていると考えられる[5]。産業組織の変化は，生産要素の結合方法の変化であり，漁業にみられるように新たな知識や技術の生産要素に着目し，その変化により企業形態とその経営形態も変化することになる。この点に着目することで，農業それ自体のイノベーションの可能性がみえてくると考えられる。

　本研究は，それが農業の望ましい進歩であるか否を問うのではないことを明確に述べておく必要がある。現在の農業は，土地を中心とした生産関数と資本を中心とした生産関数の結合であると捉えれば，農業の内外で惹起するイノベーションによって生産要素の比重が確実に資本に移行しつつある事実を確認することが主たる目的である。この資本への移行に着目することで，第1次産業の農業を事例に挙げ，イノベーション概念が各産業の成長性や拡張性という活性化への扉を模索することを試みるのである。

2.　食料生産という社会的課題

　ところで食料生産における生産主体という側面に着目してみよう。食料生産には，当然のことながら農業という生産主体が存在する。加えて，近年，食料生産において，第2次産業である工業（製造業）から垂直統合の目的として，

農外企業が新規参入者として認められる。そして，第2次産業の工業（製造業）として植物工場という生産主体も少なからず認められる。食料生産主体として認められるこれらの主体は，社会にとって，我われ消費者にとって，どのような状況になっているのかをここで検討してみよう。

(1)　食料生産における問題解決という課題

　食料生産における生産主体は，これまで述べてきた通り農業であった。農業は，数々の問題や課題があり，その岐路に立っている。したがって，本研究の目的を検討するにあたり，食料生産の主たる農業について，まずは検討していくことにする。農業の問題点を検討していくと，そこには制度的な枠組みで囲い込まれている背景が少なからずあるといえる。しかしながら，ビジネスの視点で捉えた農業は，競争する市場における一生産主体として，農業に代替する食料の生産方法を携えた生産主体を受け入れることになる。なぜなら，そこには市場という名の競争状況が存在するからである。

　ところが農業の経営は，効率的な経営を行うために，生産から販売までの流通プロセスを当該農家の外部の主体に任せていた[6]。その主体が農業協同組合である[7]。農業経営は，この農協の支配下において守られ，同時に，農業における生産面についての生産調整が行われている制度が出来上がっている。そしてそれは供給と需要のバランスが崩れることを防ぐ，変動する価格を固定化する方法をとっており，競争を起こさせない構造となっている。これは，ある意味で極めて効率の高いビジネス・デザインであるといえよう。しかしながら，こうした状況は，食料生産において農業経営者以外の新規参入者を阻止する要因である。この新規参入者を阻害する行為は，産業内・市場内で一定の地位を占めるため，競争戦略の成功者の地位を獲得したかのように思えなくもない。一時点の止まった事象としては，農業経営は安定しており，良好な状態のように思える。しかしながら，根本的な成長性そして拡張性といった発展的な取り組みとしては程遠く，成長や発展という問題に対する解決には至らないといえる。その理由は，発展・進歩に対する限界点がそこにあるためである。換言すれば，農業の経営環境は，あたかも独占（monopoly）的な状況（市場の覇者が取り仕切る産業動向の状況）の様である。また数社での参加者のみで産業や

市場の動向を握る寡占（oligopoly）的な状況であれば，製品の性能や価格など
を独占的に決めていく可能性がある。そこでは価格が重要なメルクマールとな
る。利益を得るためには，生産量やコストの削減に注力していくこととなり，
当該産業は成長のためになるよりもむしろ閉鎖的状況を作り出すことになる。
こうした状況が持続すれば，当然のことながら農業そのものの成長性は乏しく
なる。新たな破壊的な市場参入者の登場を待つしかなくなる状況となるであろ
う。

　1社（独占）ないし複数社（寡占）で市場を支配する状態にある産業や市場
が，新規参入者をどれだけ受け入れるのかと問えば，それは皆無に等しいとい
えるであろう。自らの利益を減少させてまで，新規参入者を受け入れるという
ことには否定的な態度を採るであろう。生産力を問うならば，やはりある程
度，他社を受け入れる状況を作らなければならない。まさに自らの効用を上げ
ようとするあまり，他社の効用を減少させるような状態は，パレート効率化
（parato effect）であり，むしろ誰の効用も減少させずに誰かの効用を高める
ように改善する必要がある。

　現在，農産物は農業と農外企業と呼ばれる一般企業の農業参入の総体として
生産されている[8]。この状況は，同類の農産物を生産する野菜類やキノコ類
（菌類）を生産する植物工場とは生産活動のみならず販売活動が異なっている。
換言すれば，農産物という扱いを受けるのは，土壌を通じて生産された農業で
あり，広く捉えても農外企業が生産するものである。一方，植物工場の生産活
動については，工場という施設内生産である。販売活動についてはオープン価
格である[9]。植物工場で生産される野菜類やキノコ類は，現段階では小規模な
ものであり，比較的自由な市場である。植物工場で生産されたものは，生産物
と呼ばれている。これらは，農業で生産される農産物と同類であるものの，米
や穀物の類のように農業そのものに対して大きな影響を与えるものではない。
この植物工場と類似する試みとして，農業の畜産分野において，動物工場
（animal factory：アニマルファクトリー）という試みがこれまでにもあった[10]。
植物工場や動物工場のような試みは，企業形態や管轄する省庁などで一線を画
している状況にある。これらは農地としての位置づけや管轄官庁による補助の
あり方などの相違にも関係してくる。本研究で着目する植物工場という生産主

体が顕在化し，食料生産分野へ参入するというイノベーションが様々な制度設計に矛盾をもたらしていることも含め，農業問題を議論する上で重要な事柄であると考えられる。

こうした状況を踏まえ，本研究の目的は，食料生産における生産要素の結合方法の変化とこれに伴う経営形態を検討することでみえてくる産業間イノベーションを検討することにある。食料生産については，これまで述べてきたように，従来，土地と結びついた農業および農業経営の研究と分析が一般的であったことはいうまでもない。所与の土地に対し，資本と労働力を投入することで，農業生産物は増加することになる。農業技術の進歩によって農業生産物は増加する。しかしながら，土地に制約がある以上，土地の限界生産力は逓減することになる。そして，農業生産物に対する需要の価格の弾力性が非弾力的であるため，農業所得は製造業に比較して成長率が低いといえる。規制・ルールに基づく制度設計は，経済の成長に伴う産業構造の変化に対して，様々な現象が影響する。そのため，いずれの社会においても農業の生産における従事者を減少させることに影響してしまう可能性がある。従来の農業生産は，土地の制約による所得の成長に限界がある。そのため，新たな農業従事者が参入せず，高齢化や耕作放棄地，遊休農地の増大という状況にある。加えて，天候不順による農業所得の不安定性やグローバル化による農産品の価格低下といった数々の問題を抱えている。これらの問題は，解決の途を辿るどころか，事態の深刻化がむしろ進行している状況を招く状況にある。

(2) 新たな社会コンセプトの到来

次章（第3章）でより詳述することになるが，食料生産の主体として農業が数々の問題や課題がある点については，農業自体が努力していないわけではない。むしろ，農業は数々のイノベーションを手掛け，成長や発展を試みており非常に努力をしている。しかしながら，数々の問題や課題が農業に山積している状況が指摘されているのでこれらをみていく必要がある。

ここで社会コンセプト（Society Concept）という時代背景の移り変わりにおける産業発展のパターンを検討してみよう。農業は産業発展のパターンにどのように適合しているのかに着目して検討する必要がある[11]。これはあくま

で1つの見方であるが，とりわけ第1次産業に位置づけられる農業は，有史以来，非常に長い年月が経っている。農業を成長や発展を推し進め増強していく必要性と新たな考え方は，もしかすると，社会コンセプトという軸ではなく，農業という第1次産業の発展のプロセスがいかなる社会コンセプトの中に置かれているのかという状況要因に着目してみる必要があるかもしれない。

　まずは図2-1を参照して欲しい。この図にみられるように，人類社会において，社会のコンセプトが変化している。狩猟社会（Society1.0），農耕社会（Society2.0），工業社会（Society3.0），情報社会（Society4.0）と位置づけられる。そして，これに続く第5段階目の新たな社会コンセプトが到来している現段階の社会は，創造社会（Society5.0）である。Society3.0以降に位置づけられる第2次産業あるいは第3次産業では，新たな技術やシステムなどを積極的に取り入れて成長している。では，創造社会におけるSociety 2.0に位置づけられる第1次産業はどうであろうか。現段階以上に成長や発展を目論み，増強を推し進める努力をしていく必要性があるであろう。創造社会において，農業はいったいどのようにこの変化を受け止め，イノベーションに対する能動的取り組みへ向けていけばよいのであろうかという疑問を抱くことになる。この

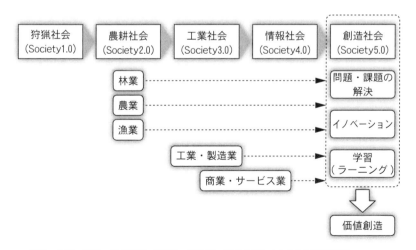

出所：亀川・粟屋・北見編著（2020），103頁，図表9-2Society5.0を加筆修正。

図 2-1　産業発展のパターン

創造社会は，同じ産業分野でのデータ共有を行うだけではなく異分野と共有することによって，問題・課題の解決へ取り組み，新しい価値を創造していく社会のコンセプトのことである[12]。この指摘においても明らかな通り，農業は，問題の解決や課題の克服のためには，社会全体の中の異分野でも関係のある技術や仕組みを受容し，そしてこれを取り入れることが必要不可欠な状況であると理解できるであろう。

　図2-1は，まず第1次産業の成長から始まる。自然資源の制約下にあって，その生産性を上昇させる様々な技術の進歩により，第1次産業（農林漁業）の生産が増加していくことになる。例えば，農業技術の進歩は，肥料や品種改良などの技術のみならず，治水や灌漑技術，農業労働の標準化や管理手法，物流管理等を含む数々のイノベーションを生むのである。食料生産の増加は，第2次産業（工業・製造業）に従事する労働人口が増加を可能にする。さらに第2次産業が大小様々なイノベーションなどでその生産性を高めると，第3次産業（商業・サービス産業）が発展することになる。これを生産要素の視点からまとめてみると図2-2のようになる。

　この図2-2は，大小様々な種類のイノベーションが引き金となり，かつての制約条件が変化をしている状況を示している。例えば，林業は取り扱う対象が樹木であり，一般的に30年もの期間，樹木を育成する時間とその樹木を育成するための山林が必要である。それを工場生産へ移行することは難しい。樹木の伐採や運搬などの機械化が進展するが，依然として土地が重要な中心的な生産要素であることは間違いない。農業に関連するビジネスとして，動物工場，

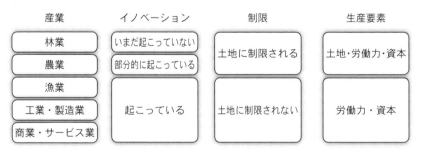

出所：筆者作成。

図2-2　産業イノベーションの進展と生産要素

昆虫工場，そして植物工場などが存在している。これらはイノベーションが部分的に起こっているものといえるであろう。しかしながら，それは土地を中心とする農業とは一線を画すような状況である。漁業は，鮭・鱒・鮪・鰹そして河豚などの魚類，帆立や牡蠣などの貝類等のような養殖ビジネスが顕著な例である。これらは研究者による知的資本を原資とするイノベーションを取り入れている。工業・製造業，商業・サービス業は，製造・流通・販売などのそれぞれの過程で有形・無形の資本がビジネスに具現化したイノベーションを積極的に取り入れている。

　そして，これらの各産業は自然の制約から解放されることになる。そのため，新しい技術やその他のイノベーションを積極的に導入している。第２次産業の工場は，物流の技術の進歩によって原材料や部品の調達や消費地への制約から解放されつつある。第３次産業の商業も，インターネット販売などによって商業地の価値を低下させている。これら第２次産業と第３次産業の一部は，イノベーションによって土地の制約を克服しつつあるといえる。

　以上，検討してきたように，第１次産業における農業においても，数々の問題や課題を克服するために，そして成長へ向けて努力を行っている。しかしながら，それがうまく適合しない場合，社会コンセプトにみられる様に同じ産業分野内での共有だけではなく，その枠を越えた異分野との共有，すなわち新しい価値を創造することを目的にして構成される新時代の学習が必要であることを意味している。まさに創造社会は，産業間の枠を移行させるイノベーションのことを物語っている。

3.　社会的課題のビジネス・デザイン―社会の問題という位置づけ―

　さて，これまで述べてきたように，食料生産に関する問題や課題は，いったいどのような側面から考察すべきであろうか。食料安全保障という言葉にも象徴されるように，自国の食料を自国で生産し高い度合いで賄うことができなければ，食料安保の核心に迫ることから遠ざかるものといえることは周知の通りであろう。むしろ，この問題の核心に迫る必要性から，本研究では，ひとまず

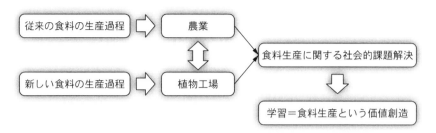

出所：筆者作成。

図 2-3 食料生産問題を解く概念図

食料生産に関する問題を社会の問題として捉えていくことからアプローチを試みていくことにしよう。(図2-3参照。)

　ここで社会の問題を解決する1つの切り口として，様々な側面が考えられる。本研究では，これまで述べてきたように，研究の対象となる分野を経営学のビジネス視点から検討していくことにするが，この食料生産に関する問題や課題について，創造的共有価値（Creating Shared Value，以下 CSV とする）という概念に着目する。この概念は，ポーターとクラマー（Poter, M. E. and Kramer, M. R.）によって提唱された概念である。この CSV という概念は，ビジネス社会の関係の中で社会の問題に取り組み，社会的価値と経済的価値の両方による共通の価値を創造するという視点である[13]。この視点に基づいてみると，食料問題は社会の問題として取り扱い，そして，食料の問題点をいかにビジネスで解くかということになる。

(1) 社会の問題と企業の目的の共通

　まず，図2-4を参照して欲しい。この図は，アプローチを試みる社会の問題をビジネスで解くという概念的枠組みについて示している。社会の問題を解決するのも，同時に社会へ還元するのも，必要不可欠な事柄として示したものである。この概念的枠組みの視点に立てば，経営学，特に企業論やコーポレートガバナンス論の中で，企業家の独占や支配の問題をはじめとする概念に対する議論が行われてきたことが基礎となる。食料生産に関する農業を社会の問題点として，ここで棚上げすると議論の俎上に乗せやすくなると考えられることが

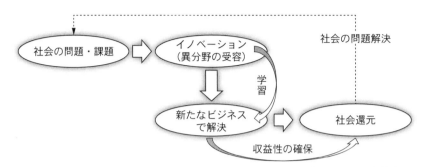

出所：當間 (2019)，31 頁，「図Ⅱ-1 社会の問題をビジネスで解く概念図」をもとに加筆修正。

図 2-4　社会の問題をビジネスで解く概念図

理由である。

　これまで多くの研究者によって，これらの研究および指摘がなされてきた経緯がある。とりわけ本研究で注目するのはドラッカーによる指摘である。ドラッカーは，様々な見解が見出される中，企業があくまで目的と称するビジネスは，顧客の創造にある[14]と指摘している。もちろん，企業にとって，収益性が重要な事柄であることは確かである。しかしながら，企業が将来の危険（risk）を補い，事業の損失を補償し，生産力を維持するのに必要不可欠な最小限の利潤を上げる必要性があることに疑問の余地はないであろう。利潤は，まさに企業活動の妥当性を検証する 1 つの基準を提供するものとしてドラッカーが捉えている通りである。利潤の追求を目的として企業の経営が行われているとは解さず，企業経営の目的は顧客の創造（もしくは市場の創造）にあると指摘している。人々の欲求は，事業家の行為によって有効需要に転嫁するとき，顧客と市場が生まれ，そしてこれに対して顧客の判断が事業の成功を決める役割を担うことになる。顧客は企業の土台としての位置づけであり企業を支えるものとなる。同時に，顧客の欲求を満たすために，社会は企業に対して，経営資源の活用を期待し委託している。そして，顧客を創造するためには，企業が 2 つの機能を備えていかなければならないといわれている。それは，イノベーション（innovation）とマーケティング（marketing）という需要者側を基盤としたビジネス視点での基本的な機能を持つことになる。企業は市場が要求する財あるいはサービスを創造し，技術のみならず，製品，デザイン，販売

技法，顧客サービス，原材料取り扱いの手段など，様々なイノベーションを遂行することをドラッカーは指摘しているのである。そこで本研究では，社会の問題として位置づけられる食料問題の核心に迫る前に，分析上の起点として，ビジネスという視点に俎上に上げる形で，顧客の創造という視点に着目した。これはマーケティングとイノベーションという2つの機能で構成され，食料生産の問題解決のアプローチしていくことにする。

⑵　ビジネス定義についての先行研究

　ここでビジネスの視点から考察するために，ひとまず食料生産そしてその主体としての農業について，経営戦略論に焦点を合わせて検討することにしよう。前章で既述したドラッカーの指摘にみられるように，企業の目的そのものがまさに企業が策定する経営戦略で検討される事柄であるというのがその理由である[15]。そこで，まずアンソフ（Ansoff, H. I.）の指摘について注目してみよう。アンソフは，ビジネスの展開について成長戦略に位置づけられる多角化（diversification）という概念の重要性について，その主著『企業戦略論』の中で説いている。そこでは，経営戦略について「部分的無知のもとで企業が新しい機会を探求するための意思決定のルール」[16]と定義したうえで，製品（product：プロダクト）と市場（market：マーケット）の戦略という2つの側面に基づいて考察を行っている。そして，この2つの側面の重要性に対する指摘はまさにビジネスの多角化であった。これは新たにビジネスを手掛けるうえで，成長戦略の基本的なフレームワークをなすものとして位置づけられた。経営戦略に関するその後の様々な研究および理論をレビューする限りにおいて，この2つの側面の指摘が重要な指摘であったことはいうまでもない。このアンソフの主張する多角化の理論は，おおよそ企業が行うビジネスについて，2つの側面から論じられていることからも推察される。そのため，この製品と市場の2側面から経営戦略としてビジネスを分析することが一般的なこととなっている。

　また，企業の経営戦略という視点からビジネスを検討するのではなく，ビジネスそのものから定義づけを行い，経営戦略の考察を行ったのはエーベル（Abel, D. F.）であった。エーベルは，ビジネスの定義として，製品（技術）

と顧客層と顧客機能（顧客のニーズ）の３つの要素を主張した。ここでエーベルはこの３つの要素について，次の通り指摘する [17]。

　まず，製品（および製品に利用された技術）（Technologies Utilized）とは，当該事業がどのような技術によって実現できるのかを意味しており，ニーズを満たすための技術との関係が非常に深い。そして，客層（served customer groups）とは，その事業の恩恵を受ける顧客は誰であるのか，事業の対象となる顧客をターゲットにするかである。最後に，顧客機能（served customer functions）とは，その事業で満たすべき顧客ニーズは何なのか，満たされるべき顧客ニーズをいかに捉えるかということである。これら２つの側面は，マーケティングを重要視する側面ということとなる。

　ここで，アンソフの指摘すなわち製品と市場，そしてエーベルの指摘すなわち製品（技術）と顧客層と顧客機能（顧客のニーズ）の関係をまとめてみると，図2-5のように示すことができる。

　この図2-5を参照に，本研究の主たる目的すなわち食料生産についてアプローチしていくことを検討してみたい。これら２つの見解で，同一カテゴリーに収まる製品という要因については，ひとまず議論から除外しておくことにする。なぜならば，本研究で議論する食料生産物（あるいは農産物）という共通する要因であり，ビジネスを行っていくうえで当然のことながら改良や改善が行われていくことが予想されるからである。そのためイノベーションを重要視し，これを行っていくことが前提であると指摘することができる。一方，このような製品の供給という視点からみれば，市場（マーケット）という要因に対して，製品をどのように提供していくか，すなわち市場における需要者に対して，製品とサービスをどのように提供するかが重要な意味を持つことになる。そこでは，当然，マーケティングの重要性が指摘されることになる。

出所：筆者作成。

図2-5　ビジネスの２つの視点の比較表

(3) ビジネスにおける2つの軸

　これまで第1次産業に位置づけられる農業について，本研究では，食料生産に関する問題を社会の問題として位置づけ検討してきた。そして，これを分析するためにもビジネスという枠組みで捉えることを検討してきた。農業は，図2-5に示したように，ビジネスの定義に関する従来の研究では，企業の目的においてもビジネスの視点においても，イノベーションとマーケティングの2つの側面から議論する必要であることが検討された。

　以上，検討してきたように，ビジネスの視点で考えた時，農業におけるイノベーションとマーケティングの両方の視点の重要性を検討する必要がある。

4. 小　　括

　本章の締めくくりとして，これまで検討したことについてまとめてみることにしよう。

　様々な産業組織においてイノベーションが着目されている。しかしながら，食料生産の主体である農業には，依然として問題点や課題が多くあり，対処が必要な状況である。換言すれば，イノベーションの重要性を指摘することは必要不可欠なことである。しかしながら，その源泉が1つの産業や組織の内部のイノベーションにあるとするのは限界があるのではなかろうかという疑問を抱かざるを得ない。実は，個別産業における研究がなされていないとの指摘もあるように，産業組織論的に研究がされていないことを指摘した。そして第1次産業における農業について着目した。

　第1次産業における農業の問題解決や課題の克服と，成長や発展を前提としたイノベーションを重視する視点から検討してきた。それでもなお，農業における問題は解決の途を辿るどころか問題や課題が山積されている状況にある。

　そこで，食料生産の生産主体に注目してみる。現在，農業には，新規参入者として農外企業がある。そして第2次産業に位置づけられる植物工場がある。しかしながら，これを受け入れることよりもむしろ一線を画す状況にある。農業はそれでもなお問題や課題が解決されるどころか，なかなか減ることがな

い。このような産業努力が改善され，良好な状況に適合していかない。そこで産業発展のプロセスに着目し，社会コンセプトとの関係から検討を試みた。同一分野内の情報共有ではなく，異分野との関係を築き産業の枠を越えた新時代のラーニング（学習）が重要であるとの指摘を行ったのである。

　繰り返しになるが，様々な産業組織において，イノベーションの重要性を指摘することは必要不可欠であるが，その源泉が1つの産業や組織の内部のイノベーションにあるとするのはもはや限界があるのではなかろうか。そこには産業間で何か受容できない障壁の様な阻害要因があると考えられる。効率を重視するため，同一産業の枠を越えて関連産業にまで波及してしまう行為はまさにスピルオーバー効果（spillover effect）であるといえるが，創造社会では成長の途が閉ざされてしまうことになる。むしろ，同一産業への異分野の知識や技術を受容し，うまく活用して価値創造へ結びつけるという新しい社会コンセプトの変遷を視野に入れたラーニング（学習）的思考が必要不可欠であるといえるであろう。

　加えて，この状況はビジネスという視点での議論を俎上に上げることで理解しやすいと考えられる。イノベーションとマーケティングという2つの機能から検討していくことで，ビジネスの流儀を参考にしながら，第1次産業に位置づけられる農業に対する成長や発展を見据えた，問題解決や課題の克服への手がかりとして，産業間イノベーションを捉えていくことを検討したのである。

注
1）　Drucker（1985），翻訳書（1985）。
2）　Shumpeter（1934），翻訳書，182-183頁。
3）　例えば，「近大マグロ」などはどうであろうか。近畿大学の水産研究所において1970年頃から研究を開始し，2002年頃から完全養殖に成功している。この生産物は，一般的な魚介類の流通プロセスと同様に販売されている。
4）　「産業研究においては，日本に産業組織論が紹介され始めた1970年代には，今井（1976）を始めとして，産業組織論をツールとした個別産業の研究が行われていた。しかしながら，現在ではクロスセクション分析などを用いた産業組織論の精緻化とその検証が研究の中心となっており，個別産業の分析はさほど行われていない。」と指摘されているように，産業組織論の分野において，個別産業の研究はそれほど行われていない。次の文献を引用した。前田（2013），184頁。
5）　これらの諸問題を解く必要性は，まさに産業組織論の意義であり，ソリューション・プロバイダーとしての位置づけであると説いている。土井編（2008），ⅰ頁。本研究において，食料生産の主体である農業の諸問題は，今日の諸問題であり，「その根幹，本質へ切り込んでいくためには，理解力・要領（悟性）と問題意識・判断力（感性）の両方が必要である」と説いている。

6) 第4章で詳述する。

7) JA（Japan Agricultural Cooperatives の略）および農協と省略されることが多い。以降，本書では，農協という一般的通称を用いる。

8) 議論が複雑になるので農外企業についての議論はここでは割愛する。

9) ここでオープン価格とは，簡単にいえば，取り扱う商品の価格を設定する場合，製造業者（メーカー）は，自己の利益を加味したうえで，生産物を出荷する際の価格について独自に決めることである。一般的に，農業は農協という流通ルートを持っているが，植物工場はこのようなオープン価格にもとづいて相対取引で価格を決めていくことを意味する。

10) 動物工場は，これまで畜産業などにみられたことである。例えば，食用を目的とした牛・豚・鶏などを畜舎のような施設で飼育する。近年，遺伝子組み換えや AI 等の先進的な技術を用いて，食用ばかりではなく，糸（繊維）類，医薬類の生産に蚕の生産が行われている。これは「昆虫工場」などと呼ばれている。参考文献は次の通りである。「"昆虫工場" カイコで薬―九大・日下部教授ら春に事業化―100 年の研究応用，安定供給目指す」（閲覧日：2018 年 6 月 4 日）。本書で取り扱う植物工場もまさにこの類である。一般的に，動物・昆虫・植物などを施設という名の工場で，何らかの先進的な技術をもちいて，ビジネスを目的として生産するものをさす。これらの総称として「生物工場」という用語を用いている場合もある。この動物工場は，家族経営が主体であり小規模経営である。農業分野における畜産経営にとってそれほど大規模経営には至っておらず，農業に対して多大な影響を与えているとはいいがたい状況である。

11) 筆者は，この指摘を次の文献で記述を行っているので参考されたい。亀川・粟屋・北見編著（2020）第 9 章「第 1 次産業のイノベーションと戦略的意義」101-111 頁。

12) 経団連（2019）19 頁。

13) ポーターとクラマーは，CSV という概念を発表している。Porter and Kramer (2011)。この概念は，もともと企業の社会的責任論（CSR）の立場からはじめられ，外部不経済を社会的ニーズとして捉え，企業が戦略的に内部化することで，社会的な価値を高めていくという共有価値創造を説いている。なお，本研究でも関係する文献として次のものをあげておく。水尾（2014）。

14) この代表的な文献は，次の通りである。ドラッカー，上田訳（1993），第 7 章「事業の目標」。この流れをわかりやすく説明しているのは，次の文献である。経営学検定試験協議会監修，経営能力開発センター（2010），33 頁。

15) Andrews (1971)，翻訳書（1976）。

16) Ansoff (1965)，翻訳書，150 頁。

17) Abel (1980)，翻訳書，22 頁。

第3章

食料生産における諸問題

―農業の現状を中心に―

本章では，本研究のテーマである食料生産について検討する上で，日本における食料生産の主体についての問題や課題を中心に検討する。この食料生産についての根幹・基幹となる重要な主体はやはり農業であろう。この農業に焦点を当て，日本の食料の生産に関する諸問題を概観してみよう。そして，農業の現状から生じる問題や課題を整理していくことにする。

1. 食料生産における諸問題

食料生産における重要な主体は周知の通り農業である[1]。この農業には数々の問題があり，これらは解決されるべき課題として取り上げられている。実はこれら農業に関する問題の数々は，年々深刻化していくばかりで，依然として解決の糸口が見出されてはいないことはよく知られている通りである。そこで本節では，まず農業に関する問題や課題として，農業従事者の動向，所得状況，生産状況などについて検討してみることにする。

(1) 食料生産力における農業の動向
① 農業における就業人口

食料生産における農業について，まずは農業従事者の状況についてみていくことにしよう。年齢階層別の基幹的農業従事者数の推移を図 3-1 に示した。基幹的農業従事者とは，自営農業に主として従事した 15 歳以上の世帯員（農業就業人口）のうち，普段の主な仕事が農業である者を指している。家事や育児

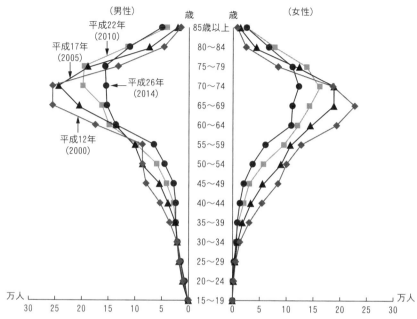

出所：農林水産省「第1節 農業の構造改革の推進 (3) 担い手の動向」「図　基幹的農業従事者
の年齢構成」(閲覧日：2020年9月5日) を引用。

図 3-1　年齢階層別の基幹的農業従事者数の推移

を行う主婦や学生などを含んではいない。図3-1では，男性と女性について，
2000年，2005年，2010年，2014年と4回分の調査結果を示している。この4回
の調査には差異があるが，男性は70〜74歳，女性は65〜69歳の2階層が非常
に多い。我が国の人口数の状況にも関連しているが，農業従事者における年齢
構成についても着実に少子高齢化が進行しているといっても過言ではない。

　次に，農業就業者人口および基幹的農業従事者数をみてみよう。これは図
3-2に示した。この図を見れば一目瞭然であるが，農業の就業人口は，年々，
減少化傾向にあることがわかる[2]。1960年には，約1,200万人であった農業従
事者数は，2015年までの55年間の間に200万人まで減少していることがわか
るであろう。

② 農業総産出額と生産農業所得

　ここで日本の農業従事者が減少する理由として考えられる農業所得の状況を

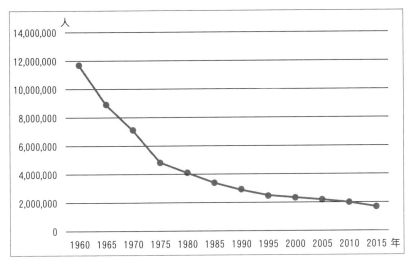

出所：農林水産省「農業従事者数の変化をおしえてください」（閲覧日：2020年9月2日）より筆者作成。

図 3-2　農業就業者人口および基幹的農業従事者数

みていくことにしよう[3)]。まずは図 3-3 を参照してほしい。この図 3-3 に示されているように，農家戸数も大幅に減少している。1 戸当たりの平均農業所得は，1990 年に 126 万円であったが，2000 年になると 114 万円，2010 年には 112 万円と減少傾向を示している。

　そして，ここで示された農家 1 戸当たりの平均農業所得については，農業所得の分布からみるとどうであろうか。これを示したものが図 3-4 である。この図を見ると，農業所得の分布については第 1 位として赤字であることがわかる。この値は 29.3％であり，最も高い値であった。次いで第 2 位となるのが 50 万円未満で 28.8％であった。一方，高所得からは，1,000 万円以上が 1.9％，500 万円～1,000 万円が 5.0％となっている状況である。

③ 農地面積の減少（耕作放棄地）

　ところで，農業における土地（農地）に関する問題は，実際にどのような状況になっているかを検討しておく必要があろう[4)]。まずは，図 3-5 を参照して欲しい。これは耕作放棄地を示したものである。この耕作放棄地とは，5 年に一度調査が行われる農林業センサスで定義され，農地法で定められている統計

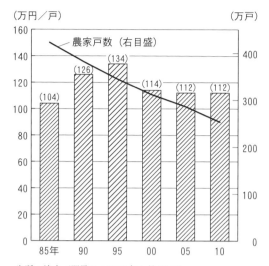

出所：清水（閲覧日：2018年1月23日），
「第2図　農家1戸当たり農業所得の推移」より引用。

図 3-3　農家1戸当たりの農業所得の推移

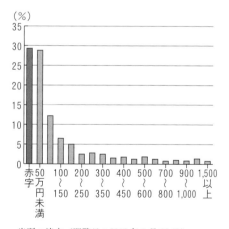

出所：清水（閲覧日：2018年1月23日），
「第3図　農業所得の分布状況」より引用。

図 3-4　農業所得の分布状況

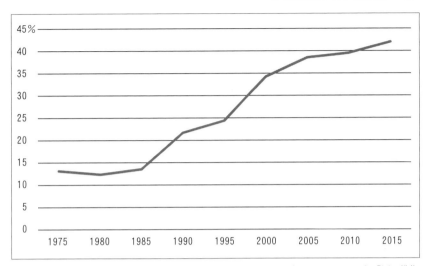

出所：農林水産省「耕作放棄地の現状について」（閲覧日：2018 年 4 月 15 日）3 頁，「図　耕作
放棄地面積の推移」より作成。

図 3-5　耕作放棄地面積の推移

上の用語である。これは以前耕地であったもので，過去 1 年以上作物を栽培せ
ずに，しかもこの数年の間に再び耕作する考えのない土地と定義される [5]。こ
の定義からもわかるように，農業そのものを営んでいない農地を所有する人々
がいかに増加しているかが把握できる。また，荒廃農地という用語もあり，農
林水産省では，荒廃農地の発生・解消状況に関する調査において，現に耕作さ
れておらず，耕作の放棄により荒廃し，通常の農作業では作物の栽培が客観的
に不可能となっている農地と定義している [6]。

　小農が耕作放棄地の増加にみられるように，農地を有効に活用しない現象が
みられるが，2018 年の減反政策の廃止でさらに，農業そのものの生産力が下
降線を辿るのは必然的なことである。しかしながら，農業はその威信をかけ
て，この農地を最大限に有効利用することを考えることになる。これ以上の農
地の耕作放棄地の減少を食い止め，農地転用の規制を厳格化することを求める
ならば，農地を保持する施策を手掛けることが農業の視点からみれば重要であ
ることが必然的にわかるであろう。

　ここで注目すべき点であるが，実は障壁となるものが存在する。それは，各

地域に農業委員会というものが設置されていることである。この農業委員会
は，地元の農家，地主のような人々で構成されている。農地を転売したり，転
用したりするなど，農地を他の用途に使用とする時は必ず農業委員会の承認を
得ないといけない制度となっていることは注目に値する[7]。農協にしても，農
業委員会にしても，農業という産業分野には，新規参入者を阻むシステムが幾
重にも形成されているといえるであろう。

④ 農業総生産と農業純生産

　ここで農業総生産と農業純生産についてみていくことにしよう。これは，農
林水産省が国民経済計算（GDP 統計）の一環として農業総生産，農業純生産
についても推計している[8]。2010 年に農業総生産は 4 兆 1,997 億円であり，農
業純生産は 3 兆 2,194 億円であった。これは，図 3-6 に示されている。この図
3-6 を参照に，農業所得（農業純生産）は，図 3-3 に示した生産農業所得より
大きいことがわかる。これは農業純生産には，農業サービス部門として土地改
良区や農協営農指導などが含まれているためである。

　また，この統計の中で，2010 年において，農家が受け取った経常補助金は

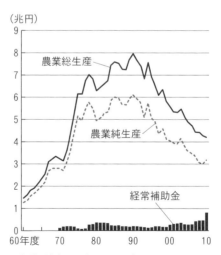

出所：清水（閲覧日：2018 年 1 月 23 日），
　　　「第 4 図　農業総生産と農業純生産」より引用。

図 3-6　農業総生産と農業純生産

8,080 億円であり，2000 年の 2,671 億円の約 3 倍になっていることがわかる。
農業純生産（農業所得）に占める経常補助金の割合が徐々に高まっている通
り，農業部門がいかに保護されている部門であるかが容易に理解できる。

　農業総産出額減少の要因の 1 つは，図 3-6 に示したように生産量の減少が関
係している。2011 年の生産量を 1990 年と比べると，米が▲18.4％，野菜が▲
24.7％，果実が▲39.4％，肉類が▲8.9％，牛乳が▲8.2％であった。特に，み
かんの生産量が減少したことを受け，果実の減少率が最も大きい。これは，オ
レンジの輸入自由化も影響している。これと同様に，野菜，肉類，牛乳は減少
している。これは，円高の影響および輸入自由化に伴って輸入量が増加したこ
とが主な理由である。また，米や野菜の減少は，消費量が減少したことも理由
としてあげられる。さらに，これらの生産者の高齢化や農家戸数減少によって
生産基盤が弱体化したこともその 1 因としてあげられる。これらの要因がすべ
て影響して生産量の減少につながっており，当然，農業所得の減少に関係して
いる。そして，これが農業従事者の減少へとつながることも，ここで指摘して
おく必要があろう。

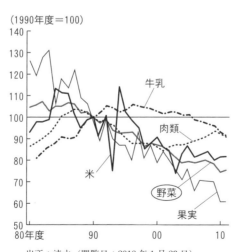

出所：清水（閲覧日：2018 年 1 月 23 日），
　　　「第 5 図　農業生産量の推移」より引用。

図 3-7　農業生産量の推移

(2)　農業生産力における生産者の積極的動向

　以上，検討してきたように農業の現状は，農業従事者が減少化傾向を示し，所得が増加するかと考えられるが，その実情は逆に減少することとなっていた。そして生産量も減少していることを示している。このように食料生産における農業は消極的な状況を示しているといえる。農業それ自体も様々な策を施し，生産力を向上させる努力を試みる必要がある。

　既述したように，農業は基本的に農地を所有している農家だけしか営むことができないことが前提となっている。しかしながら，これまで述べてきたように，農業は衰退化の途を着実に進んでいるといえよう。そこでこの状況に対処すべく，農業分野への一般企業の参入が認められたのである[9]。この点は農業経営における問題点としても議論されている。

　農業は，2009 年の改正農地法施行の後，改正前の約 5 倍のペースで一般法人が農業経営に参入している[10]。具体的には，2016 年 6 月末までで，2,222 法人が参入し増加している。この状況は減反政策が廃止される 2018 年以降，一般企業の農業への参入は急速に発展するものといえるであろう。農業への企業参入については，これまで農地制度の崩壊や大企業支配につながる恐れがあるために，地域との調和を重視する慎重論[11]や，農業競争力の向上や農村活性化のきっかけとなる待望論[12]といった指摘がなされており，両者の側面から幅広い議論が行われている。

出所：農林水産省「一般企業の農業への参入」（閲覧日：2020 年 9 月 18 日）を引用。

図 3-8　一般法人数による農業参入への推移

(3)　農業生産力における生産者の消極的動向

　農業はその生産力をあげることについて，常に努力を行ってきた。生産性を重視するためにはトラクターなどの耕作機械などの改良や投入，さらに，田畑1単位当たりの収量を最大限に増加させるため，農薬や化学肥料（化成肥料）および種苗の遺伝子組換えなどを積極的に行ってきている。

　このような状況に頼る農業は，その成長という名のイノベーションが生産性の増強に着眼点があてられてきたことはいうまでもない。しかしながら，こうした状況は，人間の健康的な生活を重視する主張からはやや遠ざかる対局的な結果を残しているように思える。とりわけ，農薬や遺伝子組換えの種苗などについては，十分に科学的検証が済んでいるはずであるが，表出した現象はといえば，どうやら意図した状況にはなっていないようである。

　例えば，現象として表出し得る土壌汚染が明確化しているが，この土壌汚染そのものは，その範囲が狭くとどまることがなく，広範囲にわたって様々な問題を引き起こしている。この土壌汚染は，人間の健康被害だけでなく，海洋汚染にまで影響している。例えば，農薬が原因となる人間の健康被害についての指摘は多数挙げられる。ここで，その1例を挙げてみよう。それは，新潟平野部に多発する胆嚢がんの原因についての報告である。この報告は，新潟大学医学部衛生学の山本正治による研究[13]であるが，日本の胆嚢がんの死亡率は，世界でも有数（39か国中日本男性は2位で女性は5位）であり，人口動態統計の完備している国だけでみてみると，男性は世界1位で女性は2位となっている状況である。そこで，地域を特定してみると，実は，新潟県の胆嚢がん死亡率は日本一であったことがわかった。男女ともに新潟県の胆嚢がんの死亡率は，全国第1位で，新潟県内での分布としては，新潟平野部に集積化傾向を示し，特に女性に顕著な特徴であった。この集積性は胆嚢がんによることが判明し，新潟平野部は新潟の米どころでもあり，さらに全国的にみても，本症死亡率の高い所が米どころであるとの特定に至り，米作関連説を設定して調査を行った。その研究結果は，新潟の地域特性のある環境要因として農薬が胆嚢がんの発生要因として高い統計的相関関係を持つことを明らかにしたのである。

　この事例が示すように，農薬が人間の健康被害に影響を与えていることは明らかである。しかしながら，これだけにとどまらない。実は地球環境問題にお

いてもたびたび指摘されていることでもあるが，越境の問題がある。ある地域で散布された農薬は地下水として浸透し，やがて川に流れつくであろう[14]。これが川へ流れて海洋に流れつくことになる。海流に乗ってやがて海洋生物へと影響を与え，それが様々な地域へと拡散していくことになる。まさに土壌汚染は，土壌（地圏）のみの問題ではなく水圏などにも広範囲に影響が及び，やがて地球環境問題となる。

こうした問題について着目し人間社会の営みとして経済という切り口から社会や自然の関係性とその再調整において指摘し，その再建を議論するコモンズ論（commons theory）がある[15]。この指摘も，結局は，我われの社会そして個々人に帰する結果となり，持続可能性や個人の健康を環境全体と密接につながる存在として捉える視点は非常に重要なものとなる。

(4)　日本の農業における現状

本節では，食料生産における農業の現状把握を検討してきた。農業の農業総産出額と生産農業所得，農家1戸当たりの農業所得の推移，農業所得の分布状況，農業総生産と農業純生産，農業生産量の推移そして農業就業者人口および基幹的農業従事者について傾向をみるために図を提示し検討してきた。総じていえることは，農業および食料生産の主体とされる状況が，いずれにしても食料生産にとって良好な状況となるものはなかったということである。日本の農業という産業部門は，いかにその規模および生産力が年々縮小傾向にあるかを示していることが一目瞭然であった。このような状況において，食料生産の担い手としての農業は，数々の問題に直面していることは明らかである。

2.　食料生産における様々な課題

前節で検討したように，日本の農業の規模および生産力が縮小傾向にあることは理解できたであろう。こうした状況は，我が国が食料を海外からの輸入に頼らざるを得ない状況となっている。しかしながら，農業という産業部門に突き付けられた問題や課題はこれだけではない。グローバル化する中での国際競

争力の強化という課題，予測することが極めて難しいとされる悪天候 16) や地震に伴う津波などの不測事態は，年々，その深刻さを増してきているようにも考えられる状況にある。

　本節では，これらの視点から新たな食料生産に突き付けられた課題を検討していくことにしよう。具体的には，食料危機に直面した時からいくつかの危機的状況に直面している。天候不順にみられる食料危機第1の波，国際分業にみられる食料危機第2の波，複合的な要因として表出してくる食料危機第3の波をあげ，それぞれ検討していくことにする。

(1)　食料危機における第1の波

　第2次世界大戦直後の絶対的な食料危機（戦争終了時からの量的不足の時代，第1の波）から，近代化と生産拡大が進み，国際的な貿易が拡大する中で絶対量という側面より構造的，質的な食料危機の状況が生じてきた 17)。1970年代初頭の食料危機は，この最たる出来事である。この食料危機は，世界的な天候不順を契機としており，グローバルな流通の拡大の中で需給の逼迫（穀物の大量買い付け）などが引き金となり，複合的な要因が重なって国際価格の高騰を招く事態として現れたのである。具体的な例としては，1972年の旧ソ連の小麦地帯の干ばつによる不作は，小麦の大量輸入によって国際的な穀物価格の上昇を招いたことも明らかである。近年では，2012年7月12日に，トウモロコシの世界全体の出荷量の半分以上を占めている米国（中西部）の穀物生産地が25年ぶりの干ばつに見舞われて，大豆やトウモロコシ等の穀物相場が高騰した 18)。これによって，相場が過去約3週間で約40%も上昇するといった現象が起こった。その間，備蓄されている穀物を使うことで相場の高騰が収縮することを期待している人々は少なくはなかったであろう。これらは，食料危機の前兆として懸念されるが，まとめてみるといくつかの共通する要因がある。まずは，不作による相場の高騰である。2010年のロシアにおける干ばつによる小麦の被害にしても，2012年の米国における干ばつによる大豆・トウモロコシに大きな被害をもたらした。その一方で，牛などの反すう動物の飼育は，メタンを大気に発生させており，実は地球温暖化の原因ともなっている。

　以上のように，農業における生産物については，予期せぬ不測事態が発生す

るという課題も検討しなければならない[19]。悪天候，急激な気温の変化，日照や干ばつ，降水量といった天候不順や雹や降雪あるいは台風などの異常気象，地震といった地殻変動とこれに伴う津波などの二次災害，さらには鳥獣被害の影響などである。これらの要因はいずれにしても，農産物の育成や収量そして農業の収入に大きく負の影響を与えると考えられる。

　さらに，農業従事者であれば周知のことであるが，近年の季節変動の天候不順によって，適地適作が微妙に移動していることも知られている。地球の温暖化や度重なる異常気象の発生などは，世界的な気候変動によって，稲の高温障害や果実の着色不良などの農作物の育成に悪い影響がみられるようになってきた。

　地球の温暖化は直接理解できる現象であるが，地球環境問題は，あまりにも大きすぎる問題であり，人間自らが認識しない傾向になりやすい課題となっている[20]。地球の温暖化による影響については，地上気温の上昇によってどのような影響が考えられるのだろうか。水，生態系，食料，沿岸域，健康の分野に分けて整理してみると，わずか1℃から2℃の気温上昇でも生活用水の入手が困難になる人々が増加し，サンゴの白化の増加，小規模農家などへの負の影響，洪水や暴風雨よる被害の増加熱波・洪水・干ばつなどによる死亡率の増加等の，環境や人々の暮らしへと様々に悪影響が及ぶことが予想されている[21]。

　もちろんこれらの課題は，作物の種苗の品種改良などによるところにも関係してくる。産地が少しずつ移動していくことは，対象とする農作物の生産が異なることを意味しており，これまでの経験が活かされなくなる難しさがある。自然と密接にかかわる農業であるために，当然のことながら，農業生産者にとっては生産意欲の減退もあることを忘れてはならない。農業における生産活動もある意味で経験的にマニュアル化されている。安定的に農産物が生産されれば，予期せぬ不測事態を最小限にとどめることが重要であると指摘できるであろう。

(2)　食料危機における第2の波

　次に食料危機の波であるが，構造的あるいは質的な問題という意味は，量的な不足という単純な問題ではなく，いわば商品作物として世界で流通する構造

が作り出す飢餓問題という矛盾を表している[22]。地域や自国内で基本食料を生産できるにもかかわらず，経済構造とりわけ貿易依存体制（国際分業）によって，他国に売却する輸出用商品（換金）の作物が優良農地を占有してしまい，土地や生産基盤を持たない貧者と弱者が排除されることから，飢えに苦しむ人々が増加する状況にある。これは，従来の経済合理主義的な考え方への批判もしくは矛盾として指摘できる。比較優位の経済理論として，互いに有利な産業に特化して貿易すると双方にメリットが生じるという考え方に基づいており，これを背景として安価な物（基本的に食料が中心とならざるを得ないが）を他国から買いつけて，より高価で売れるものを販売することで，総体的に経済的な豊かさを実現するという考え方が主流をなしてきた。これは，国際市場における貿易関係のみならず，いわゆる市場原理主義や規制緩和政策がもたらす矛盾としても共通する側面を持っている。いわゆる儲ける人がより有利になるという理論に偏った考え方に陥りやすい側面を持っているといえよう。

　日本の農産物は，国際市場において，高価格で取引されていることが報告されている[23]。グローバル市場においては，日本の農産物は非常に競争力があるとされている。それは安全と安心という高品質の結果であるが，日本の農業部門が，グローバル市場では意図せず拡大していることを意味している。一方で，第1章「序論」でも取り上げたように，日本の食料自給率の低さは，その残差分である62％を輸入に頼らなければならない状況でもある。このような状況の中で，農産物のグローバル競争および取引を開放すれば，日本国内の農業は低価格の輸入農産物に対して価格競争上，不利であることが懸念されている。

　ここで食料の輸入について図3-9をみてみよう。日本の農産物貿易で特徴的であるのは輸出が少ないことであった[24]。これは食料自給率の低さをみてみれば理解できるであろう。日本の農産物の輸出は，実は輸入額の20分の1に過ぎない。野菜は，輸入が約290万トンであり，10年間で約3倍に増加している。最近では，中国や韓国からのネギやブロッコリー，シイタケ，トマトなどの輸入量が増加しており，国内農産物との競合が問題となっている。このように，農業は，国内農産物を保護する政策という名の防衛的措置が行われている一方で，実は，野菜の輸入が目立っている現状であることも見逃してはなら

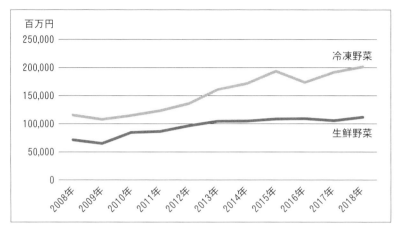

出所：独立行政法人　農畜産業振興機構「ベジ探：Vegetable Total and Aggregate
Information Network―野菜の輸入数量・金額・単価」（閲覧日：2020 年 9 月 19
日）を引用。

図 3-9　農産物（野菜）輸入額

ない。この野菜は，農産物の中でも非常に収益性が高いと言われている。

　農業経営のグローバル競争市場が拡大していることを認識しなければなら
ないのは，TPP（Trans-Pacific Strategic Economic Partnership Agreement
または単に Trans-Pacific Partnership：環太平洋戦略的経済連携協定）への
参画である [25]。これまでグローバル化と直面する日本の農業との関係は，通
商交渉で，農業の自由化を極力避けてきた経緯があった [26]。GATT（General
Agreement on Tariffs and Trade：関税および貿易に関する一般協定，現在
の WTO（World Trade Organization：世界貿易機関）におけるウルグアイ・
ラウンドにおいて，米の自由化を認めてきた。しかしながら，700％前後とい
う高い関税率を提示し，これを維持することに努めてきたのである。こうし
た農業保護の政策が必要であったという背景もあってか，米国やオーストラ
リアなどの農業大国との経済連携協定を結ぶことをこれまで避けてきた経緯
がある。このウルグアイ・ラウンドの後，日本は農業保護水準（Aggregate
Measurement of Support）の削減のため価格支持政策を縮小，廃止してきた
経緯がある [27]。米については政府買入をなくして米価の低落を容認し，価格
低下を補うために導入された経営安定対策も不十分なものであった。民主党政

権下において導入された戸別所得補償は，一定の効果があったとされているようであるが，農業財政を圧迫する要因となっていることが指摘できる。米以外の品目についても価格の支持政策の改革が行われ，それが農業所得減少，生産量減少の要因になっている。米国，EU ともウルグアイ・ラウンド合意の後も，総じて日本は農業保護を維持，強化していくために，日本も農業所得の向上，農業経営の安定のために価格所得政策を再構築する必要があるという指摘もされている。この TPP への参画交渉が，2015 年 10 月上旬に大筋合意に至ったという経緯があるが，これは日本にとって，初の本格的な大型経済連携協定となる[28]。工業製品では，相手国側 11 か国全体で 99.9％という高い関税撤廃率を実現している。まさに，これまでにない踏み込んだ関税撤廃である。TPP への参画は日本でも大きな議論を巻き起こした。特に，海外から低価格の農産品が大量に入ってくることを危惧した農業関係者は，大規模な反対活動を展開することになった。もちろん，日本の農業を保護することはとても必要なことである。この点に関して，次のような指摘がある[29]。我が国の農業保護派は，断固としてこれ以上の農産物輸入を阻止すべきであり，農業が変わっていくことに防衛的姿勢をとっている。日本農業が市場を開放し，米国やオーストラリアの農業とまともに競争しても太刀打ちできるわけがないと判断し，市場開放に反対して農業の保護を主張している。

　一方，自由貿易推進派は，自由貿易協定を農業が変わっていくチャンスとして捉え積極的姿勢としている。競争の原理によって，より一層の導入による強い農業づくりを強く主張し，農業の成長産業化を目指す契機としている。事実，TPP の交渉と並行して，農業改革のスピードが進行していることから，このことが窺えるであろう。特に後者の主張は重要であり，農業関係者の意識も大きく変わる契機となっているといえる。「守りの農業から攻めの農業へ」という政府のキャッチフレーズであるが，興味深いことに，アジアへ日本の食料を積極的に輸出していくという姿勢を強めている産地も実は増えている。

　ここで伊藤元重は，農業の競争力を高める転機として TPP への参画を捉えている[30]ことを指摘しておこう。その説明の中で，同一産業内の輸出企業の競争力に着目している。生産性の高い農業者に有利な状態を生み出す。反対に競争力の低い農業者は次第に市場から撤退していくことになる。そして，吸収

や合併などを繰り返し行いながら次第に競争力のある農業者へ吸収され生産性が高くなる。従来から，農業という産業を扱うことにより，都合よく説明ができたものは，農業は競争力が同等であるという前提の下で行われてきた経緯がある。これが農業全体を苦しめるという指摘になっている。これに加えて兼業農家や小規模農家という非常に競争力の弱い農業者にとっては，高い関税と低い競争状態そして農業主導の経営指導や政府の補助金などを求めるに至り，保護派としてはとても都合の良いものとなっている。したがって，こういった視点から，農業の改革が遅れてきたということも指摘できる。

　いずれにしても，政府は，「攻めの農政」として，成長戦略としての農業を位置づけており，新たな形での産業化を目指している。政府が攻めの農業を推進する以上，産業としての農業の改革とグローバル競争力をつけていくためには，対象となる市場が拡大することを前提としており，農業という産業分野における生産性を高めていく必要があるということが指摘できる。

(3)　食料危機における第3の波

　そして食料危機の第3の波として掲げられるものは，複合的な要因に特徴があるといえよう[31]。貿易の視点からいえば，物の売買の範疇を逸脱しており，まさに投機（マネーゲーム）の対象としての穀物（基本食料）が位置づけられている状況やエネルギー市場との競合としての穀物と食料作物がバイオ燃料として利用される状況が生じた[32]。さらに気候変動（地球の温暖化など）や生物多様性の危機による生産基盤そのものの脆弱化の進行にみられるように，複数の危機的状況が進行し，これらが絡み合って，より複合性をもって出現している。

　将来の動向を検討するにあたっては，大きくは世界経済の質的な変質（金融バブルの崩壊）といった状況，地球規模での資源・環境の制約が顕在化し始めていること，さらに環境の世紀と呼ばれているように，従来の大量生産・大量消費型の経済発展パターン自体（物質的豊かさの追求）が限界に到達してきている状況を踏まえなければならないといえよう。

　フードシステム（食料生産・供給体制）は，現状の推移をみる限り，集約化と産業化が進み，少数の巨大穀物メジャーや巨大流通・商業資本の支配下に組

み込まれていくことになる[33]。世界的な食料危機が，特に米国を発信源とするグローバリゼーション（貿易の自由化と構造調整政策）によって，各国の自給政策（農村と加速農業の保護）が解体されてきたことで深刻化した過去の経験から学ぶ必要がある。こうした試みに対して，農業そして農村はますます衰退していくこととなり，食料は商品化と貿易品目に組み込まれ，儲けの手段に取り込まれていく現実は今もなお進行している。この場合，農産物などの取引に金融や先物取引などが先行する。しかしながら，忘れてならないのは，この取引の速度に農産物の生産性は限りなく合致しないことを指摘しておく必要があろう。

　グルーバル市場に頼る農産物については，食品の不安を抱えている状況にある[34]。近年の食品の安全をめぐる問題の続発が，消費者に安全性を重視する志向性を駆り立ててきた。健康志向に加えて安全が付加価値として再認識され，食品メーカーや量販店においても「安全・安心」を高付加価値の柱に位置づけ，商品開発と販売に力を注いでいる。対外的な状況として，例えば，中国産食品の安全性（農薬残留，メラミン混入，毒入り餃子，食品苦情事件など）への不安問題を背景に，中国国内で非常に高価な日本産（粉ミルクなど）の売り上げが急増し，米国でも健康食品メーカーが中国産不使用を公に掲げた動きが起きたことでも知られている。そして，日本の原発事故を契機にチェルノブイリ原発事故の再来のように，食品の放射能汚染が国内でも国外でも大きな関心事となり，様々な話題が飛び交ったのである。加えて，消費者の関心は，産地偽装や輸入食材等におけるトレーサビリティへ高まっていくことになる。そういった状況の中で，東日本大震災が2011年3月11日に発生した[35]。この地震の発生に伴い，津波や原発事故等によって広範囲で甚大な被害が発生した。その後，10年余りが過ぎた今でも復興の兆しがみえているとはいい難い状況である。この震災と原発事故は，我々に対して，食料問題という重要な課題を突きつけることとなった。特に原発事故の影響で，この当該地域周辺の農業は壊滅的な被害状況にあった。この地域は，農作物を大都市圏へ供給する地域である。これらを産地とする農作物は，以前とは比べ物にならないほど，需要が落ち込んでいる状況にある。

　近年，安全性が大きな価値として価格に反映される事態について，お金を出

さなければ安全性を確保できない状況が食生活にまで及んでいることを意味している。これが深刻化すれば，安全を確保できる人とそうでない人の格差社会という現実が，日常生活における食の安全性や健康面においても生じることになる。まさに安全格差社会が具体化し始めたといってよいであろう。

⑷　日本の農業における不測要因

　以上，農業に関する状況は，様々な問題を抱えている。安全や安心を表に掲げる農業を推進すれば，それは有機農業という事になる[36]。しかしながら，農業を営む経営者がその生産性や経済的収入を考えた時，この有機農業がどれほど農産物の需要をみたし，供給できるのかは疑問を残すこととなろう。したがって，日本の農業における不測要因として，天候の問題，国際取引を引き金とする農産物の自由化問題などにみられるように輸入によって賄われる現状は，一般的にいわれる農業とそれほど差異がないといえるであろう。差異があるとすれば，マネーゲームや巨大メジャーの支配下に置かれないことである。それは，まさに経済として対象となるほどの農産物の安定供給が不可能であるからに他ならないといえる。

3.　小　　括

　本章では，食料生産を検討するうえで，生産主体である農業に焦点をあて，この農業に関する問題点をあげてきた。そして，農業がまさに直面している課題についても，グローバル化や不測事態への対応として指摘してきた。ここで重要なことは，食料生産は農業という産業部門が担うという点にある。もちろん農業という産業部門も努力をしていると考えられるが，食料自給率は依然として低い水準のまま推移している。この点については改善をしなければならない大きな課題であることは間違いない。しかしながら，現実が直面する課題として，国内の食料生産はどのように賄うのであろうか。現在直面しているグローバル市場は，農業という産業部門がどのように対処していくのであろうか。単純に，政府の規制に対して，そして変化に対して反対し保護すれば何と

かなるということではないということが指摘できる。そこには，食料生産という主体はあくまで農業という，我われが持つ固定概念からの視点ではなかろうか。ここに，本研究の首尾一貫する命題として，「新規事業を創造するうえで，最大の障害は社会の価値規範である」[37]という指摘にある。この新規事業を創造するという視点に着目して検討する必要がある。そのためには，第2章で検討したように，創造社会において，問題・課題の解決に向けたイノベーションとこれを受け入れるラーニングという概念に着目することになる。端的に表現すれば，新たな価値を創造する活動のことを意味している[38]。企業にとって，イノベーションとは，新たな製品やサービスを提供する活動ということになる。次章では，この視点から，食料生産の主体である問題について検討を行うことにする。

注
1) まず，ここで本書が食料自給率について取り上げないのは，産業分類上，第1次産業から他の産業にまで議論が及ぶため，敢えて食料自給率の議論については，本書では外すこととした。
2) 「農業構造動態調査（農林水産省統計部）」の「表　農業就業者人口および基幹的農業従事者数」（閲覧日：2018年4月2日）参照。
3) 近年では，政府から受け取る助成金が農業経営にとって重要な収入源になっており，農業所得を算出する際には経常補助金を含める必要があると次の文献で指摘されている。清水（閲覧日：2018年1月23日），15-719頁。
4) 「耕作放棄地の現状について」（閲覧日：2018年4月15日）。
5) 「耕作放棄地には「まず仕分け」を」（閲覧日：2018年4月15日）を引用。類似する概念に，遊休農地が挙げられる。これは，「現に耕作の目的に供されておらず，かつ，引き続き耕作の目的に供されないと見込まれる農地」および，これを除き「その農業上の利用の程度がその周辺の地域における農地の利用の程度に比し，著しく劣っていると認められる農地」のことである。耕作放棄地と遊休農地を比較すると遊休農地の方が対象とする農地の範囲が広くなっているため，一般的に使用されている耕作放棄地の用語が一般的に用いられているので，ここで明記しておく必要があろう。
6) 農林水産省「トピックⅠ」（閲覧日：2020年9月18日）。
7) 竹中・ムーギー（2018），246頁。
8) ここで用いた数値は次の文献より引用した。清水（閲覧日：2018年1月23日），17-19頁。
9) この点については，いくつかの視点が挙げられるであろう。1点目として，米価を維持する生産調整（減反）の見直しである。2点目として，都道府県ごとに農地中間管理機構を設けて，点在する農地をまとめて借り上げ，大規模生産者に貸し出すという農地の大規模化である。そして3点目として，企業が農業生産法人を設置しやすくし農業参入を促す規制改革である。政府・与党はこれを農政改革元年（2014年）としている。「日経新聞きょうのことば（2014年3月2日）」にわかりやすくまとめられていたので参考資料とした。
10) 木下（2018）。
11) 堀田・新開（2016）。

12)　石田・吉田・松尾ほか（2015）。

13)　山本（1996）。

14)　インターネットで検索してみると農薬が原因となる様々な被害や深刻な問題が報告されている事例はすぐに見つかるのである。一例を挙げれば次の通りである。「海の哺乳類に「農薬危機」か，同じ遺伝子が損傷」（閲覧日：2018 年 10 月 25 日）。

15)　コモンズ論については，次の文献を参考にした。三俣編（2014）。

16)　2018 年度の台風や洪水における被害総額は概算でしかない。ここでは農林水産省が掲げている 1 例を示すとすれば，次の通りである。「日照不足や台風等により 1,947 億円の農作物被害が発生」（閲覧日：2018 年 10 月 25 日）。

17)　古沢ほか（2015），19-21 頁。

18)　「焦点：忍び寄る食糧危機の足音，穀物急騰で我慢比べ」（閲覧日：2012 年 10 月 7 日）。

19)　こういった不測事態に備えて，先物取引市場が成り立つ。農業生産物の確保は経済的にモノの市場だけが成り立っているのではなく金融市場としても成り立っている。

20)　地球環境問題は次の 3 つの特徴があるといわれている。① 予兆が見られてから明確な被害発生までの時間が長い。② 原因物質の排出を削減しても改善効果が現れる迄の期間が長い。③ 特定の国や地域の対策では不十分で世界的な協調が重要である。岡本編，當間ほか（2013），7 頁。

21)　日本環境教育学会（2012），30-32 頁。

22)　古沢ほか（2015），21-23 頁。

23)　近年のニュースでは，オーストラリアのメロン「リステリア菌感染，3 人死亡」についての記事などからもわかるであろう。（閲覧日：2018 年 4 月参照）。

24)　大泉・津谷・木下（2017），15-16 頁。

25)　「TPP 協定の経済効果分析について」（閲覧日：2018 年 4 月 07 日）。

26)　伊藤（2015），39 頁。

27)　清水（閲覧日：2018 年 1 月 23 日），27 頁。

28)　伊藤（閲覧日：2018 年 4 月 7 日）。

29)　堀田（2017）。あるいは，小田・川崎・長命（2013），9 頁。

30)　伊藤（閲覧日：2018 年 4 月 7 日）

31)　古沢ほか（2015），23-24 頁。

32)　同上，24-26 頁。

33)　同上，26-27 頁。

34)　古沢ほか（2015），8-9 頁。

35)　當間・倉方・当間（2013），14 頁。

36)　有機農業についての着眼点はとても重要である。この重要性を前提にしながら国際的な視点から実証的に検討した研究として次のものが挙げられる。大山（2003）。

37)　亀川・青淵編（2009），10-11 頁。

38)　十川・榊原・高橋ほか（2006），2 頁。

第4章
食料生産におけるビジネスの視点からの農業

　前章では，食料生産における主体として一般的な農業の食料問題に関する問題および課題について検討してきた。農業に関する数々の問題や課題を解決していくことが食料生産において不可欠な課題となっていることが明確になったといえよう。一般的に，農業問題を扱う場合，農業経済学あるいは農業経営学という分野で議論されてきた。これらの分野の中で検討すれば，序論でも記述したように，低い食料自給率の問題解決の打開策を見出せてはいないのではないかと考えられる。そこで本研究では，経営学分野，特にビジネス（business）の視点から検討していくことにする。この視点で検討すると，農業が抱える数々の問題および課題の核心に迫ることが可能であると考えられる。しかも食料生産における問題点や課題への解決策を見出せる可能性が模索できると考えられる。本章では，食料問題の主体である農業に焦点を当て，ビジネスという視点にひとたび俎上に挙げて考察していくことにする。

1. 農業問題の核心

　本節では，本研究の論点である食料問題の主体である農業について，ビジネスという視点から，検討を行っていくことにする。

(1) 農業の経営と問題の所在
　農業の問題について，ビジネス視点で検討する前に，農業というビジネスがどのように成り立っているのかをまず検討していくことにする。
　この農業に関する問題については，先進資本主義国にとって，どの国におい

ても例外なく存在する問題として一般的に議論されている。そして，農業問題の解決は非常に困難な問題となっていると指摘されることもあるように，農業問題は，各国，各地域によって様々な形で表出している。この農業問題[1]については，ある場合には食料問題であったり，生産過剰問題であったり，農産物価格の問題であったり，農業保護に伴う財政問題などであったりする。これらは，いずれも農業問題の諸局面の諸問題であるが，実はどれも農業問題の本体を示すものではない。では，農業問題の本体は，いったい何であるか。よく考えてみれば，単純に農民問題であると換言することができる。資本主義下において，異質な存在として取り扱われ，しかも決して解消することなく存在し続ける小農民こそ，農業問題のまぎれなき主体であり核心である。この小農を資本主義の側から捉えたとき，それは問題として提起される。だからといって，農業問題の本体が小農問題であり，資本主義と小農との間の問題であるといっただけでは，農業問題について何も語ったことにはならない。それがどのように問題にされ，解消できないままに存続せざるを得ないかが明らかにされなければならない。資本主義国において農業がほとんど小農によって営まれている以上，小農問題は，同時に，農業という産業部門の問題としても表出してくるのである。そこに農業問題となる所以がある。農業という産業部門が工業の諸部門と異なって，資本制経営になじまない技術的特性を持っていること，そのために小農制が支配的になることが，農業問題の根底にあることはいうまでもない。そのために農民問題と農業問題は，常に区別し難く，一体をなしてあらわれると指摘されている。

　以上，やや長い引用となったが，このように指摘されているように，農業問題は，様々な局面から個々に解決のためのアプローチが行われてきたといえる。農業としてひとくくりにされた農業問題は，いわば同一分野内で肯定され，別の側面から否定されるという堂々巡りに陥っていることにも注意しなければならない。したがって，農業問題がなかなか解決へと導かれることが難しいという理由でもある。むしろ問題であるのは，問題や課題が次々と表出してくることにある。そのため非常に難解な問題へと変わり，それでも依然として解かれぬ課題へと変化していくといえるのである。そこで本研究では，農業の問題をビジネスという視点から解くことを試みるのである。

　以上のように，農業問題については，まず農家という生産単位でみた小農に
焦点を当て，農業を個別企業の経営の問題として取り扱うことがある。そし
て，小農を総体として捉え，1つの産業としての農業として取り扱うこともあ
る。同じ農業という用語を用いていていても，実は概念的に別々の農業として
分類して考えることが重要な事柄となる。農業を研究する分野として，前者を
農業経営といい，後者を農業経済というのが一般的な理解である[2]。このよう
に農業を分析する難しさは，どこに焦点を当てて議論をするのかということか
ら始める必要がある。農業という概念について，共通の理解というよりも，む
しろ齟齬を生じさせている状況を作り出すことから，極めて重要な視点である
ことが指摘できるであろう。そこで本研究では，食料生産の主体としての農業
について，経営学の分野で取り扱うビジネスという視点から検討していくこと
にする。

⑵　農業における小農と農業の諸関係

　さて，農業問題の核心が農業を営んでいる小農にあるという視点に基づいて
考察を行っていくことにしよう。本研究では，この食料生産についてビジネス
という視点から検討していくことにする。これまで農業は，他の産業とは異な
る視点で捉えられてきた。その理由として，農業は地域共同体（伝統的な村落
共同体を近代化あるいは民主化した概念）を基盤とし，協力しながら発展して
いくべきである[3]という見解に象徴されているように，小農という単位で農業
を見ていない点を指摘しておく必要がある。いわゆる，個別小農の総体として
農業を位置づけている。この点は注目に値する点である。しかしながら，実は
これだけではない。日本の小農は，農協という地域集団化の要となる生産単位
であるということである。農協が小農をまとめる形でシステムが構築されてい
る点に注目しなければならない。

　ここで図4-1を参照して欲しい。この図にみられるシステムの構築によっ
て，日本の農業は，もちろん食料安全保障という重要な問題を担い，同時に，
農協を介して政府による施策が強く反映される形となっている。それが小農お
よび農協の利潤と動機の実現を抑制するとともに，農業の企業化を遅らせてき
た[4]と指摘されている。すなわち，農業がこれまで儲からないといわれてきた

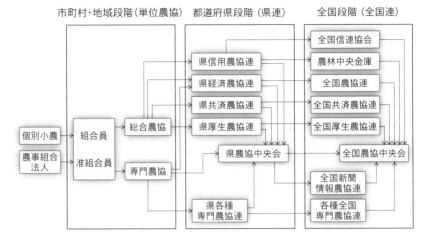

出所：大泉・津谷・木下（2017），126頁，「図4　農協系統組織の概要」を加筆修正。

図4-1　農業のビジネス構造

　根本的な原因は，実はこのシステム構築によって個別の収入を平均化する構造が形成されているからであり，個人が企業家としての行動を阻止されてきたという指摘も多々見受けられるのである。こうして，伝統的に継承されてきた地域共同体に固執していた農協と小農の諸関係こそが，実は農業問題の核心であることをここで指摘しておく必要がある。もう少し踏み込んで，この問題にアプローチしていくことにしよう。特に農協という存在について視点を当てて検討する必要がある。

　ここで図4-1農業のビジネスの関係および図4-2小農の農業ビジネスの範囲を示した。これら2つの図を参照してみると，農業というビジネスにおける個別農家すなわち小農の存在の位置づけが理解できるであろう。農業が衰退の途を辿る最大の問題は，1つの地域に農協を1つしか作らせないという独占状態を構築し，そしてこれが認められていることに他ならない。競争を起こさせないことが最大の目的であり，そのために成り立っているのが農協という組織である[5]との指摘もある通りである。この指摘の通り，農協が小農を支配下に置き，小農の生産状況をコントロールするという構造である。これは図4-1および図4-2の図を見る限り明確であろう。この構造の中では，生産者である小農

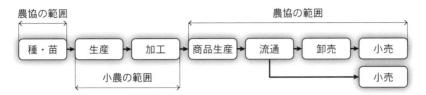

出所：大泉・津谷・木下（2017），49頁，「図1　生産過程と流通過程」にもとづいて筆者作成。
図 4-2　小農の農業ビジネス・プロセスの範囲

が自立の途を歩むことは不可能なことである。換言すれば，小農は農協から離れて独立しなければならない。そして，小農単独で農産物を生産して流通させることが不可能な構造上の問題があると指摘することができる。

　加えて，特に重要な点は図 4-2 にみられる小農の農業ビジネスのプロセスの範囲にある。小農の位置づけは，生産と加工であることは注目に値する。ここでいう生産とは，農地を用いて作物を生産することを意味している。加工とは，農協へ向けて農産物を出荷するために形状や重量など，農協が要求する規格に合致させて出荷することである。これを一般的に規格品という。この規格に合致しないものを規格外品（一般的には，略して外品と呼ばれることもある）という。このようにみていくと，小農はまさしく農産物を生産する生産工場（product factory）として位置づけられる。そして流通の過程は，これに適する規格に合った農作物の選別という作業を行うだけの役割を担う生産単位であることが理解できる。これが小農の役割としての位置づけである。農業問題の核心は，まさに農業という概念的枠組みという制度そのものであると指摘することができる。

(3)　土地に関する問題

　ところで，農業の核心が小農であるとしても，これをシステムとしてコントロールする農協の位置づけについても検討が必要であろう。これまで長期にわたって問題とされてきた農業問題の核心には，土地（農地）という生産要素が重要であることを忘れてはならない。ここでこの土地がどのような意味を持つものかを検討しておこう。次いで，その土地に由来する農業が，現在，どのような状況になっているのかを検討していくことにする。

　農業は，土地（農地）という生産要素をどのように位置づけてきたのであろうか。まずはこの土地という生産要素に注目し，農業の問題を検討してみよう。本研究において，これは生産不可能性と移動不可能性という2つの視点[6]から検討していこう。まず土地は，地表の一部であり，人間が生産することができないという性質を持っている。これは一般的に生産不可能性と呼ばれている。土地は，生態系を持ち，その中で水や養分を蓄え作物に供給する。こうした土地の動きは地力（肥沃度）と呼ばれている。地力は，土地を適切に管理すれば良好な状態で持続的に維持できる。これは一般的に不可滅性と呼ばれている。間違った用途に利用すれば当然のことながら生産性は低下する。地力は，人為的要因に左右されやすい性質があるといえる。

　また，土地は，いうまでもなく農業生産活動が行われる場所であり，移動させることができないという性質も持っている。移動不可能性と一般的に呼ばれる所以であるが，標高，地勢あるいは気候などの自然立地条件は，人為的に即座に変えることができない。農業の生産性は地域によって微妙に異なり，そして多様なものであるといえる。そのため土地の土壌や気候に合った作目の選択，適地適作が求められる。しかしながら，重要な点は，農業における生産は実に広い空間および面積（外延性）を必要とするということである。そしてこれは，土地の立地と広さ（降雨間）の条件に強く影響される。これを適切に，かつ，有効に利用することは農業経営において非常に重要な課題であった。

　ところで，現在，この農業は転換期を迎えている。それは2018年に減反政策が廃止されることが1つの契機となる。これは2013年に政府で決定されたものである。主として米の生産に関する問題であり，農業が対象とするすべての作目あるいは品目に対するものではない。しかしながら，日本の歴史の中で，古くから続けられてきた政策である。土地を所有する小農の均等生産を目的として重要な役割を担ってきたこの減反政策は，米の生産調整や価格下落の防止を目的に開始されたものであった。生産調整に協力すれば，政府からの助成金（交付金）が支払われ，農業の安定化を図ろうとする目的があった。減反政策が廃止されるということは，これまでの小農が自ら所有する土地（農地）に基づいて営んできた農業は，解釈にもよるが，農業というビジネスを自由に行えることを意味する。そもそもこの土地（農地）は，経済学の中心的テーマ

として，地代論として議論されてきた経緯がある[7]。地代が何によって決定されているかについて，生産という側面からから理論化したものである[8]。換言すれば，土地が収益を生み出すもとになるという指摘である。そういった意味で，ビジネスという視点で捉え検討すること自体は問題視されることにはならないといえるであろう。

2.　食料生産の過程（プロセス）におけるイノベーション

　これまで食料生産において主体とされている農業について検討を行ってきた。農業の問題を社会の問題と位置づけ，同時に，農業が生産物を生産する過程において日々，努力し改善していることについては異論がない。固定化された田畑（土地）を原資として，いわゆる収穫逓減の法則に従っていくこととなり，収量を高めるための改善や努力，効率性を高めるための改善や努力，そして質を高めるための改善や努力についても，生産性に結びつけながら努力している現状がある。こういった努力は，まさにイノベーションに他ならない。そこで本節では，このイノベーションの視点から考察していくことにする。

(1)　イノベーションの重要性
　さて，企業が成果をあげ利益を獲得していかなければならないことは一般的なことであろう。同様に，農業という産業部門でも，成果をあげ利益を獲得していかなければならない。これらを生み出すためには，まさに様々なイノベーションなくして行うことができない[9]。このイノベーションについて重要な指摘を行ったのは，既述の通りシュンペーター（Schumpeter, J. A.)である。シュンペーターは，イノベーションという概念の重要性を説いた第1人者とされ，新結合という概念を用いて，様々な生産要素（土地，労働力，資本）の結合，すなわち生産方法における新しい価値の創造を指摘した。社会に大きな変革をもたらす人や組織の変革によって，実に新しい価値を創造することを指摘したのである。それが新結合すなわちイノベーションである。これは，第1章「序論」においても指摘したので繰り返すことになるが，シュンペーター

は，イノベーションの具体的な事例として次の5つを指摘している[10]。それは，①新しい財貨の生産，②新しい生産方法の導入，③新しい販路の開拓，④新しい仕入先の獲得，⑤新しい組織の実現であった。

　シュンペーターが指摘するイノベーションという用語が日本語に翻訳される時，技術革新と翻訳されたため，これまで技術革新という用語が使用されてきた。近年では，このイノベーションという用語は，製品を生産する技術および過程（プロセス）という概念を前提として用いられていることが多いようである。実際には，新製品や新技術を開発することだけではなく，新しい生産方法や新しい販路の開拓など，技術に直接的に関連のないものであっても，大きなイノベーションをもたらすものとして，幅広い経済活動のイノベーションを意味している。

　経済活動の中で生産手段や資源，そして労働力などを今までにない形で新結合を行う際にも，イノベーションという概念を用いて説明し，これに基づいて新しい価値を創造することに注目をしている。このような新しいイノベーションを起こすことによって，企業は競争優位を構築し確保することが可能であろう。そして市場における競争状況の中で生き残ることも可能であろう。一方，イノベーションを醸成しこれを内化できない企業は，競争優位が構築できないと考えられている。そのため，市場における地位（ポジション）を失っていくことが，その後，様々な研究で指摘されている。したがって，イノベーションとは，ビジネスを執り行う企業にとって，まさに必要不可欠な概念そのものということができる。

　もちろん，イノベーションを醸成したとしても，技術進歩や経済構造の変化など，社会が変わると同時に学び方も再度学ぶ必要がある[11]との指摘があるように，これを学習によって価値創造へと結びつけていく必要がある。

　以上，検討してきたように，食料生産においても農業それ自体のイノベーションは必要不可欠である。この視点の重要性を含め，農業という産業分野でのイノベーションについて指摘されており，また研究も行われている。ここでは食料生産における農業イノベーションの重要性を指摘するにとどめ，本節の少し後でこの具体的な議論および指摘を行うことにする。

(2)　農業における成長産業への努力

　農業という産業分野は，成長への努力をどのように行っているかと農業従事者もしくは農業に関する研究者へ問うならば，肯定的な返答が返ってくる状況にあるであろう。図4-1および図4-2において指摘したように，旧態依然とした農業の構造についての指摘が，これまでの議論からはやや視点が変わることになるように思われるが実はそうではない。漸進的ではあるが，農業は従来通りの考え方を見直すという意味でイノベーションという概念を取り入れているということができる。すなわちここでいう農業という産業部門のイノベーションという概念とは，農業におけるシステム・イノベーションという限定的な視点から捉えていくことで，この点が明らかになるであろう。

① 効率のためのイノベーション

　農業という産業部門においても，これまでイノベーションに対する努力がなされていたことは，一般的に知られている。これまでの農業を発展させていくイノベーションへの努力は，数多く例をあげることができる。その事例を示せば，種苗，農薬あるいは機動性を増すためのトラクターやコンバインのようなものまでも，農作物の効率的な生産性を重視するために，イノベーションを行ってきた。一般的に，このようなイノベーションは，クローズド・イノベーション（closed innovation）と呼ばれている。このイノベーション・プロセスは，内向きの論理であると指摘[12]されており，農業という産業内のイノベーションであるといえる。換言すれば，農業という枠組みの中の小農のイノベーションではないということである。もちろん，クローズド・イノベーションは，企業内のイノベーションを指すものであるが，前節において農業という産業内の問題を検討してきたように，あたかも1つの企業体のように成り立っている農業という産業部門の構造の問題なのである。そのため，農協に媒介される農業を営む小農は，農業という産業内では，農産物に関する生産技術に関する指導を受ける立場であるという背景があるために，同一企業内の問題としてイノベーションを位置づけ，使用される概念であるということになる。

② 成長のためのイノベーション

　以上，述べてきたクローズド・イノベーションに対して，オープン・イノベーション（open innovation）という概念が，2000年代半ば頃から，経営学

の中で，急激に脚光を浴びてきた。代表的なものはチェスブロウ（Chesbrough, H.）による研究である [13]。この概念に基づいて，農業の発展のための成長戦略という視点として，オープン・イノベーションという概念を指摘している [14]。

　農業のオープン・イノベーションと称して注目されているものが6次産業化，あるいはより広く捉えて農商工連携という概念も含むものであると農業の研究分野では指摘されている。とりわけ前者は，農業のプロセスについて，生産については第1次産業，加工あるいは製品化については第2次産業，流通については第3次産業として位置づけるものである。この3つの異なる産業分野の総計が6次産業であるという指摘である。すなわち農業という産業内において，これまで関係してこなかった他産業と協力し合いながらネットワーク化を構築して，農業という産業を競争力のあるものにしていくことを6次産業化といい，総称してオープン・イノベーションと位置づけている。

　しかしながら，このオープン・イノベーションという概念は，単なるメイク・オア・バイではなく，創発性（emergency）という考え方が重要であるとの指摘がある。また，このオープン・イノベーションという選択は，オープンと称しながらも優れて企業内部整理の問題である [15]という指摘もあり，図4-1を参照してみると，あくまで小農の問題ではなく，農業のビジネス・プロセスの問題であるということがわかる。そこでは一般的にいわれるイノベーションであると指摘できるほど，目新しい施策とはいい難い。したがって，農業で用いられるオープン・イノベーションという概念は，チェスブロウの指摘する概念とは異なるものということができる。

③ 維持のためのイノベーション

　6次産業化および農商工連携 [16]については，目新しい施策すなわちイノベーションではないと指摘 [17]されている。しかしながら，地産地消，オリジナル・ブランド化，HACCP（Hazard Analysis and Critical Control Point）の認証取得などの試みは，完全にではないが，むしろ農業にとってのオープン・イノベーションへ向けた試みであったといえよう。

　地産地消は，一般的に，地元地域で生産された農産物等を地元で消費する概念である。消費者の農産物に対する安全や安心志向の高まりや生産者の販売の多様化の取組が進む中で，消費者と生産者を結びつけることである。そして，

オリジナル・ブランド化は，地域の特色ある農産物の振興である。産地と称される地域や農家（小農）が，個々に自らのブランドを作り上げ，これを材料として製品化を図っている。また，HACCP については，その認証取得は，食品等事業者自らが食中毒菌汚染や異物混入等の危害要因（ハザード）を把握したうえで，原材料の入荷から製品の出荷に至る全工程の中で，それらの危害要因を除去または低減させるために特に重要な工程を管理し，製品の安全性の確保を基点として行われる衛生管理の手法のことである[18]。この手法は国連食糧農業機関（Food and Agriculture Organization：FAO）と世界保健機関（World Trade Organization：WHO）の合同機関である食品規格委員会から発表され，各国にその採用を推奨している国際的に認められた規格である[19]。

　これら 3 つの施策は，むしろ農業を営む小農にとって，オープン・イノベーションとして位置づけられるといえる。しかしながら，図 4-1 および図 4-2 を参照してみると，これらの図の農業の構造，すなわち農協主導型の農業の経営は，一般的にオープン・イノベーションと呼ばれるものが成立しにくい構造である。やはりイノベーションの源泉としての小農あるいは企業家精神を持つ小農としてのビジネス行動を行わなければ，オープン・イノベーションと称する概念的枠組みの中で取り扱うのは難しいと考えられるであろう。

(3)　農業におけるイノベーションの視点

　農業の問題点において，農業も努力をしてこなかったわけではない。むしろ，成長のための努力がこれまで行ってきたことは，むしろ肯定すべき指摘である。この点について，本節では，農業におけるシステムのイノベーションという視点から検討してきた。効率重視の視点としてのクローズド・イノベーションであり，産業分野を越えてネットワーク化し，これを農業分野でうまく発展させるために利用することが必要になるということに他ならない。フードシステムあるいはアグリビジネスと称して，ビジネス重視の言葉を冠して 6 次産業化や地産地消などが，農産物の生産される地域で行われている。農協が規格外品として流通させない農産物を生かし，収益に結び付けていくという施策であることは指摘した通りである。ここで重要なことは，農業の同一産業内の生産過程の効率的な改善にとどまるだけでは，食料生産という課題を解決する

ことが難しいということである。6次産業化にみられるように，第1次産業，第2次産業，第3次産業という流れが連結しているのではなく，農作物を第1次産業から第2次産業へと売却，第2次産業から第3次産業へ売却そして消費されるという一連のプロセスを示しているだけにすぎないということをここで指摘しておく必要があろう。

3.　食料生産のマーケティング的視点

　さて，食料生産における生産主体とされる農業について，考察する第2の視点は，マーケティングという視点である。前節でとり上げた6次産業化における売却と消費という視点について，本節では少しふみ込んで検討していこう。

(1)　顧客機能への着目

　一般的に，農業で産出される農産物は，6次産業化や地産地消などにみられるように，その流通の過程が生産から流通を経て消費者へという流れで説明される。この一連の流れで捉えてみると，農業は，まさしく農作物の規格化を目標にその水準まで達成される可能性が高い競争をいかに身につけるかということができる。そしてこれを可能にしていくために，修練といった学習機能についても必要であろう。農家内もしくは農業と小農という生産単位内で，規格化された目標基準まで到達させることを目標として，これを学習することが背景となる。この競争については次節で検討する。

　一般的に，農業はプロダクト・アウト（product out）が強い産業である。このプロダクト・アウトについては，日本農業では，長い間プロダクト・アウト，つまり作り手が作りたいものを作り，作ってから販売にかかるということが続けられてきた[20]と指摘されていることからも理解できるであろう。このプロダクト・アウトに対してマーケット・イン（market in）という概念がある。企業経営では一般的な考え方であるが，これは市場や消費者といった買い手側が必要とするものを作り提供していくこと[21]を意味している。競争は，

同一市場において競合する企業同士が比較優位性や競争優位性を獲得するために顧客の購買意欲を高めるような製品やサービスの創造が不可欠である。そしてこういった製品やサービスを創造するために，別の次元での学習が必要不可欠であるといえる。このような意味から顧客重視とするならば，マーケット・インのスタイルが重要であると考えられる。

　以上，検討してきたように，農業はプロダクト・アウトの方式であるが，顧客重視であればマーケット・インの方式を検討する必要があろう。これについて，次章で詳述される植物工場は，生産物の品目も限定されるが，買ってくれるニーズのあるところに売るという方法である。

(2) マーケティングの概念と特徴

　周知の通り，マーケティングが1つの研究分野として確立してきた。そしてこの内容もビジネスにかかわる多くの活動領域を含んでいる。そのため，このマーケティングの概念の捉え方に多くの差異が生じている状況にあるといえよう。そもそも経営および経営学の分野における位置づけは，マーケティングを販売部門の1つの職務として捉えていた[22]。販売とは，生産者の技術力によって創りだされた製品を売り込むという発想であり，マーケティングとは，消費者のニーズを察知し，それに合わせた製品を供給するという発想[23]である。この指摘からもわかるように，マーケティングは経営学の分野で取り扱われるものと，やや性格が異なっているように思われる。ここで，マーケティングの定義については，次の通り，コトラー（Kotler, P.）によってマーケティング・マネジメント中で示されている。マーケティングとは，個人と組織の目的を満たすような交換を生み出すために，アイデアや財やサービスの考案から，価格設定，プロモーションそして流通に至るまでを計画し実行するプロセス[24]と記述している。このマーケティングの概念は，1935年にNAMT（全国マーケティング教師協会：National Association of Marketing Teachers），1960年にAMA（アメリカ・マーケティング協会：America Marketing Association），1985年の改定版定義，1990年のJMA（日本マーケティング協会：Japan Marketing Association）の定義というように時代的背景を反映し定義が変化している状況にある[25]。時代の変遷によって，こういった定義が変化してい

くのは普通のことである。

　マーケティングの考え方の基本は，企業の生産能力と販売能力の間に存在するギャップを極小化させたい[26]というところに論点があり，生産者側は大量にできてしまったモノを売ろうとするのではなく，消費者が欲するモノ，必要とするモノを供給していこうという発想を持つようになったと理解できる。したがって，モノづくりの原点は生産者にあるのではなく消費者にあるという認識の芽生えこそが，まさにマーケティングの基本的な概念的枠みであるということができる。

　ところでマーケティングの視点から，これまで農業がとってきた行動は，いったいどのようなことであったのかについて検討してみよう。上述したように，農業がマーケティング重視というのであれば，マーケティングの基本的枠組みである企業の生産能力と販売能力の間に存在するギャップを極小化させることが重要な視点になる。ここでマーケティング・コンセプトという側面から，農業のマーケティングを検討してみたい。ちなみにこのマーケティング・コンセプトとは，市場での活動を方向づける基本的な考え方であり，市場で創造的に適応するための目標となるもの[27]であると指摘されているように，この変遷過程として年代ごとに検討していくとより明確になるものと思われるため，ここで既述しておくことにする。

① マーケティング・コンセプト：生産志向

　まずは，マーケティング・コンセプトにおける生産志向（production orientation）の年代である[28]。需要に比べて供給能力が未成熟あるいは不安定な状況も考えられるが，生産性を向上させることだけを目標にし，需要に見合うだけの生産能力をつける努力を行ってきた年代である。このような時代背景は，1920年代の米国において，農業，工業，輸送などの多くの産業分野において飛躍的なイノベーションが生じたことよって起こってきた経緯が関係している。現在の市場において，このマーケティング・コンセプトを展開することで競争優位を確保することが困難であると考えられている。それゆえに，このコンセプト自体を否定的に捉えることもしばしば行われている。しかしながら，それは今日のマーケティング環境下でも指摘できることでもあろう。消費に対して生産が絶対的に不足していた時代であれば，マーケティング・コンセ

プトも生産志向，すなわちプロダクト・アウトに適合していたということもできる。そこで農業は，小農を生産過程（生産工場）と位置づけ，農協がこれをコントロールしている形態であった（図4-1参照）。農協のニーズにしたがって小農は，生産された農産物をニーズに合うような規格製品を仕訳して出荷することになる。そして，収集された農作物は市場へと流通されていくため，生産過重に焦点が当てられることになる。上述したように，これは一般的にプロダクト・アウトと呼ばれており，生産されたものは一方的に市場へ向けて出荷することになる。農協がこれまで行ってきた流通の方法は，生産量調整のマーケティングのあり方であった。

② マーケティング・コンセプト：販売志向

　次に，マーケティング・コンセプトにおける販売志向（sales orientation）の時期である[29]。1929年の世界大恐慌に入る以前に，アメリカは既に大量生産社会が出現しており，生産数量が消費需要を上回り，大量生産システムを支える大量流通，大量販売システムの発展が期待された時代である。この時代は，消費者が欲するものを売っていたのではなく，生産志向の時代のように生産者が売りたいものを売っていた時代であった。消費者にいかに効率的に製品を受容させるかということが期待された。そこで注目されるべき課題は，生産数量よりもむしろ販売数量への変化であった。農業という産業分野では，前節のイノベーションの箇所で取り上げた通り，6次産業化，農商工連携，地産地消，オリジナル・ブランド化，HACCPの認証取得などは，まさにこの好例といえる。農業そのものの生産に関する増強を課題とするのではなく，生産された作物をどのように効率よく消費者へ届け，なおかつ価値を下げることなく高めていくことができるかが課題であった。

③ マーケティング・コンセプト：消費者志向

　そして最後の段階となるマーケティング・コンセプトは，消費者志向（consumer orientation）である[30]。アメリカでは第2次世界大戦後，急速に進む経済成長が過去最高の水準までに到達した時代背景である。この時，販売志向の時代の販売数量から利益が重要な課題となった。その利益とは，消費者の欲求を満足させることによって達成されることが解明されてくる時代である。この消費者志向は，消費者のニーズが重要な側面となっており，生産の出

発点が消費者ニーズを起点として販売する立場から，生産を考えていくという，これまでとは逆のマーケティング・プロセスである。このコンセプトの出現とともに，企業のあり方に変化が生じることとなる。そして，これに伴ってマーケティング活動を専門に行う部門が編成されるようになった時代背景である。この消費者志向というマーケティング・コンセプトは，実は，農業という産業分野ではなかなか取り入れにくいものといえよう。重厚長大産業にも共通することである。工業製品は，もともとニーズが先行してビジネスの戦略および計画を策定する。しかしながら，農業は顧客のニーズに即応する供給が可能かと問えば，単純にそういうわけではない。例えば，1年間をかけて土壌をつくり穀物や果物などを生産するものあれば，季節を重視するものもある。また，同じ土壌でずっと作り続けるのが困難なものもある。より厳密にいえば，本研究で取り扱う農業はまさにその代表格であり，野菜などの農産物である。農作物が全く採れないわけではないが，効率的に野菜が育成でき収穫できるかと問えば，むしろ植えつけを行わない方が良いくらい，非効率的になる場合も多く見受けられる。これは一般的に連作障害といわれている。

　このように農作物は生産計画を綿密に立てて行う産業分野であり，顧客のニーズに即応する生産物の供給はとても困難なのである。

④マーケティング・コンセプト：社会志向

　上述した消費者志向のコンセプトとはやや異なる視点がこの社会的な視点を持ったものである。1980年以降になると，企業の存在する地域および生活者をマーケティング・コンセプトの範囲に入れ，地球規模において企業が与える影響の度合いを考慮するコンセプトとして登場したものが，地球規模志向（global marketing orientation）である[31]。さらに最近では，生態学志向（ecological marketing orientation）のマーケティング・コンセプトも登場してきた。この概念は，地球上における生態系を考慮するマーケティング活動の重要性を指摘しており，社会的マーケティングあるいはより現実的に環境マーケティングなどと呼ばれる分野となっている[32]。これらのマーケティング・コンセプトは，生物，植物，環境などのバランスを崩すような企業活動は避けなければならないという発想に立っている。換言すれば，環境問題に悪影響を及ぼすような現象を地球環境上から受け取ったニーズとして示す行動である[33]。

地球温暖化，オゾン層破壊，酸性雨，熱帯雨林の減少などをもたらす様な製品の生産は行わないという視点である。あるいはこのような製品の需要を抑制しようとするディマーケティング（demarketing）の考え方にも通じているものといえる。

⑶　農業とビジネスにみるマーケティング・コンセプト

　これまで検討してきたように，マーケティング・コンセプトは，時代的背景に伴い4つの段階があった。繰り返しになるが，それは，① マーケティング・コンセプトの生産志向，② マーケティング・コンセプトの販売志向，③ マーケティング・コンセプトの消費者志向，④ マーケティング・コンセプトの社会志向の4つであった。

　ここでこれらのマーケティングの視点に立ち，農業（もしくは小農）の問題を併せて考えてみよう。まず，① と ② は既存の農業産業の分野で対応可能である。しかしながら，③ と ④ については，消費者のニーズと社会の要請に応えるならば困難であるといえよう。特に，消費者ニーズは，顕在化しているものではなく，潜在的なものといえることが理由である。もし顕在化しているならば，生産する側が新たな商品を提案した結果，それが消費者側の潜在的な欲求にマッチし受け入れられた結果にすぎない。換言すれば，生産する側が消費者の潜在的ニーズに気づき，それにこたえる新たな商品を提供したということ [34] であるという指摘もあり，まさにコンペティション（competition）という競争の概念の重要性を指摘している。

　農業という産業分野では，これまで企業，特に株式会社が支配権を持って参入が許されてこなかった [35]。小農が個々人で営むしかない現状から，農業法人が株式会社という法人格を有して農業を営むことができても，株式会社が農業という産業分野でビジネスを行うことはなく，これが可能であったとしても農業を営んでいる個人が半分以上出資しないといけないという規範があった。農産物を生産，加工，販売している株式会社はすでに数多く存在している。これらは，基本的に農地を所有しているのではなく，農地を借地として用いているだけである [36]。ここで重要なことでもあるが，借りていいという借地の制度を作ったのは，小泉内閣の時代である。それ以前は農地を借りることも禁止

されていた。その理由は，企業に農業を任せると儲からなくなったら撤退してしまうからである。そのため，耕作放棄地が増加する可能性があるという理由からである。しかしながら，現実的には企業ではなくて個人がどんどん耕作放棄地を放棄している現状を鑑みてみると，農業に従事する小農が減少するためであることがうかがえる[37]との指摘もある通り，企業の参入とは無関係に，小農の農業離れが進行していることは少なくない。何よりも競争の概念が異なる。次節で検討するが競争がエミュレーション（emulation）という概念で捉えられ，コンペティションという名の競争市場を前提とした競争ではない。そのため，このような差異が生じてしまうのである。

　また，現在の農業が努力しているような成長のあり方は，学習の概念が異なるといえる。この点については，次節で詳述することになるが，技能を習得するだけの学習（single-loop learning）であるといえよう。刻々と変化する経営環境に適応しながら，改善や成長し生き残っていくことは難しいと考えられる。組織がこれまで経験してきた過去の成功体験について，成功もしくは不成功という名の固定観念を自らアンラーニング（unlearning：学習忘却）し，外部から新しい知識や枠組みを学習として取得する。それをまた学習によって反復・強化していくことでサイクルが形成され，これを繰り返し継続できる組織だけが競争優位を保ち続けることができると考えられよう。

　そこで農業は，農協がその主導となる構造を作り上げることで，生産調整，出荷調整および価格の調整を行ってきた。需要と供給によって価格が決定されることは一般的な理解である。この原理に基づくならば，農作物の価格の安定を図るためには，農作物の出荷と流通する数量を事前に調整してしまえば，この問題解決の方向を見出すかのようにも思える。これまで本節で検討したように，この点についてもう少し検討していく必要があろう。

　まず，①マーケティング・コンセプトの生産志向は，農業が数々の問題を抱え，むしろ調整可能な小農だけの集合体である機構，すなわち図4-1に示したような農協を中心として小農が食料の生産工場のような構造を作り，これが規範的な生産プロセスを形成させた方が，実は都合が良いということであった。そして，②マーケティング・コンセプトの販売志向については，イノベーションの項でも捉えたように，6次産業化，農商工連携，地産地消，オリジナ

ル・ブランド化，HACCP の認証取得などは，農業の努力であるといえよう。換言すれば，農産物が安定的に供給できるシステムであり，そして農業それ自体の価値を向上させるための努力であったといえる。やや批判的な意見になったが，それでもなお日本の農産物は国内はもとより，国際社会においてもその品質の高さそしてトレーサビリティの側面からも競争力があるといえる。

4.　企業家的行動の必要性

　これまで食料生産における問題解決を検討するにあたり，ビジネスという視点すなわちイノベーションとマーケティングの2側面から検討してきた。次に注目すべき点は，やはり企業家的行動の視点である。シュンペーターが企業家の重要性を指摘したことでもあるように，また，かつてコース（Coase, R. H.）が，市場で行われる取引費用より企業を設立する費用の方が少なければ，市場に代えて企業が選択されるのであり，企業の規模の限界はこれらの費用が等しくなるところで決定されること [38)] を論じたように，企業家的行動の視点は重要であるといえよう。そこで，本節では，イノベーションを前提とした企業家としての経営行動として，これを受け入れる数々のマネジメントの議論から，そのうちビジネス視点で考える農業の企業家的行動として重要な概念となる規格，競争そして学習という概念を取り上げ，議論することにする。

(1)　ビジネスに先行する諸概念

　第1次産業のイノベーションを考察にするにあたり，ビジネスという概念で捉える上で議論が混乱することを避けるため，まず3つの概念について整理しておく必要がある。具体的には日本語として表記される規格，競争そして学習という概念である。敢えて日本語と称するのには理由があるが，英語にしてしまうと異なる用語として用いられるためこのように表記した。この3つの概念とイノベーション概念との関係を説くというよりはむしろ，同じ用語を用いていても，産業によって概念の捉え方が異なるために議論がかみ合わなくなる可能性がある概念といえるため，これらの差異を明確にする必要があろう。一般

的に第2次産業や第3次産業で捉えるイノベーション概念と第1次産業で捉えるイノベーション概念は明らかに異なっている。本節では，規格，競争そして学習という概念について検討しておく必要がある。

① 規格概念における見解の相違

　農業における農産物は，規格（standard）が重要な意味を持っている。それは，流通の過程で重要となる均一化に他ならない。しかしながら，ここでいう規格は，実は，農業における規格品か規格外品かという差異ではない。この規格について一般的な見解を述べておこう[39]。

　まず，デジュリ・スタンダード（de jure standard：公的標準規格）は，公的な標準化機関（ISO ／ IEC，日本規格協会）が承認した標準と規格と定義される。そして，デファクト・スタンダード（de facto standard：事実上の標準・規格）という概念がある。このデファクト・スタンダードは，標準化機関の承認の有無にかかわらず，市場競争の結果，事実上の大勢を占めるようになった規格と定義される。

　これら規格の概念は，競争戦略を考えていく上で極めて重要な見解であろう。実にこの2つの概念こそが，まさに農業と植物工場との差異ともいえると考えられる。農業はまさにデジュリ・スタンダートであり，農協などが決めた規格品，規格外品という区別をするために必要な基準である。次章で詳述する植物工場は，デファクト・スタンダードであり個別企業が製品・商品として出

表4-1　2つのスタンダードの特徴

	デジュリ・スタンダード	デファクト・スタンダード
標準の決定者	標準化機関	市場
標準の正当性	標準化機関の権威	ユーザーの選択の結果
標準化の動機	標準化しないと製品の機能が発揮できない	標準化しないと不便
主な対象分野	他者とのやり取りが製品の本質機能である分野	他者とのやり取りを必要とする分野
標準化の鍵	標準化機関の強制力，参加企業数，有力企業の参画	市場導入期のシェア，有力企業の参入，ソフト数
標準化と製品化の順序	標準の決定→製品化	製品化→標準の決定

出所：山田（2009），2頁の表を加筆修正。

荷する基準である。この2つの基準は競争および学習の概念にも関係してくる。

② 競争概念における見解の相違

　次に競争という名の概念である。1つ目には，コンペティションという名の競争という概念であり，そして2つ目には，エミュレーションという名の競争という概念である。この2つの競争にみる見解の相違が指摘されている [40]。1つ目のコンペティションという競争概念は，競合する相手との関係性を指す概念である。これは与えられた目標や範型そのものを，人々が共に（con）探し求める（petere）営みを意味している。目標が所与のものでない以上，模範は存在せず，目標そのものをそれぞれが開発し提案し合わなければならない。そして，どのような人のどのような提案も，それがいかに奇妙に見えようとも，一個の提案として尊重される。目標そのものをめぐって人々が自律的に探究し，共同実験し，相互に論争する普段の実践である。そこでは人間的な生の多様な可能性が多様な仕方で模索され，試され，修正され，開花し，分裂増殖する [41] と指摘されている。代表的な研究として，競争戦略 [42] という概念があり，同じ業界にいる競合する他社との差別化をはかることによって，競争優位性を獲得する戦略である。換言すれば，到達目標（多元的目標の追求）そのものを獲得するためにより良い製品やサービスを開発するような競争的概念といえる。一般的な企業が経営する産業レベルあるいはビジネスレベルの競争というのは，まさにこの概念が相応しいであろう。

　ところが第1次産業に属する農業の競争は，どのような意味での競争的概念を指しているのであろうか。それは目標に近づける競争的概念（単一目標達成の追求）であり，2つ目のエミュレーションという競争概念が適当であると考えられる。この概念の意味するところは，私たちが馴らされてきたのは，その都度与えられてきた同じ目標や範型に向かって，「右に倣え」，「遅れをとるな」，「追いつき追い越せ」とガンバリ，一億総何々式に動員される競争である。このような競争をエミュレーションといい，これは「模倣する，まねる」という意味の語からきている。エミュレーションが支配する会社は，与えられた目標達成のための，人的資源の極めて効率的な活用をもたらすことになる。しかしながら，その一方で，資源として活用される人間は，金太郎飴的なステレオタ

イプへと規格化され，貧困化されてしまう[43]のである。この指摘の通り，このエミュレーションという競争概念は与えられた目標の達成が基準となる。閉鎖的な国内市場のなかで産地間競争が煽られ，市場や消費者ではなく，他の生産者や他の産地のことばかり気にするという風土が醸成されてきた。その結果，例えばある果樹品種が高値でよく売れると知ると多くの生産者，産地が同じ品種を作り出すことになる。結局，供給過剰となり価格を暴落させるという事態を繰り返し招いてきた。生産サイドによる需給調整機能が全く機能してこなかった[44]という指摘がある。この指摘のように農業はまさに所与の目標を達成するために，生産の方法や手順に対してイノベーションに焦点を当ててこなかったことに，農業それ自体の疲弊する問題が生じてきたのではないかといえるであろう。したがって，農業がイノベーションについても，流通プロセスやマーケティングについても，農業という名の下でまとまる産地や地域という単位で，統一された目標となる農産物（生産物）の味覚や形状などといった規格化に固執するのは，そのためである。

　この競争という概念の比較からもわかる通り，同じ用語を使用しているものの概念の捉え方に差異が生じている状況にある。そのため，見解の相違が生じるのは必然的な結果であろう。

③ 学習概念における見解の相違

　前項で検討してきたように競争の概念には2つの用語が存在し，概念の意味に相違があることが理解できたであろう。相違を招くもう1つの概念について，学習という概念についても検討する必要がある。経営学では，組織学習といわれ，学習の過程にも差異があることが度々指摘されている。この組織学習は，経営組織の内部で行われる学習のことを指している。この2つの学習は，米国の組織心理学者アージリス（Argyris, C.)が『組織学習（Organizational Learning)』という著書において提唱され指摘された[45]。一般的には，図4-3に示されるように，学習の概念について，次のように2つの概念を指摘した。それは，シングル・ループ学習（Single-loop learning）とダブル・ループ学習（double-loop learning）の2つである。

　図4-3の中のシングル・ループ学習とは，所与の目標や条件の下で既存の行動様式を維持しながら組織行動が修正されていくプロセスの状態を指してい

出所：Argyris (1992), p.8, figure1.1 Single-loop and double-loop learning をもとに筆者作成。

図4-3　シングル・ループ学習とダブル・ループ学習

る。すでに備えている考え方や行動の枠組みにしたがって，これを基準として行動する。そして，フィードバックとして結果を得ることである。これを繰り返し行っていくとやがて達成しなかった課題もおのずと解決ができるようになる改善を意味している。簡単に言えば，技能を習得する学習である。

　一方，ダブル・ループ学習とは，前提となる価値観や目標それ自体を修正することによって，既存の行動様式に対して変化をもたらすものである。既存の枠組みを捨て去ることによって，新しい考え方や行動の枠組みを再検討し，これを取り込むことを意味する。そのため，いわば改革すなわちイノベーションを意味している。簡単に言えば，目標を企てる思考を習得する学習である。

　これまで検討してきたように，競争の概念に相当する学習は，コンペティションという名の競争という用語には，ダブル・ループ学習の概念が相応するであろう。そしてエミュレーションという名の競争という用語には，シングル・ループ学習の概念が相応すると考えられるのである。

　以上のように，同じ学習という概念であっても，2つの異なる概念としての用語があり，意味する内容が異なるのである。農業にとって必要とされる学習の概念は，シングル・ループの学習であり，農協が提示する規格に合致する基準として小農はこれに合致させるように農産物を生産することが求められるのである。

④ 農業におけるイノベーションにおける3つの概念的整理

　以上のように考察してくると，経営学すなわちビジネスで議論される規格，競争そして学習という概念と農業におけるこれらの概念の間には相違があると

いえるであろう。ビジネスについては，デファクト・スタンダードという事実
上の基準（規格），コンペティションという名の競争概念そしてダブル・ルー
プ学習という概念を重要視することになる。一方，農業については，デジュ
リ・スタンダードという公的基準（規格），エミュレーションという名の競争
概念そしてシングル・ループ学習という名の学習という概念を重要視すること
になる。

　このように規格，競争そして学習という概念の捉え方に，なぜ差異が生じる
のであろうか。ビジネスは，企業の中のトップマネジメントが策定した経営戦
略に従って，競争優位を構築するためには市場における消費者の行動を重視
し，どのようなマネジメントの様式が必要になるのかを組織が学習していくか
らに他ならない。この点がまさにイノベーション志向の企業家的行動であると
いえるであろう。一方，農業はどうであろうか。農協が掲げる規格（デジュ
リ・スタンダード）に対して農産物としての生産と出荷の質と量を到達するこ
とが競争（エミュレーション）の概念であり，この到達目標をどのように学習
（シングル・ループ学習）していくかが重要な意味を持っていた。このように
農協が掲げる指導原理に従うことが前提となり，これが制度として存在する
ために企業家的行動が受け入れるどころかむしろ拒まれる要因ともなってき
たのである[46]。

（2）　機会費用と企業者費用

　ところで，すでに検討した③マーケティング・コンセプトの消費者志向お
よび④マーケティング・コンセプトの社会志向について，ここで検討の余地
がある。第3章でも取り上げたように，国際競争力が高まる中で，農業の（も
しくは小農）生産力を向上させることになる。その助力となる主体が，農業部
門への一般企業の参入となっているといえる。しかしながら，悪天候や天災等
の不測事態についてはどうであるかと疑問を持たざるを得ない。この課題に対
応する場合，小農あるいは農業という産業部門では，農産物の供給量が極端に
減少することから，価格がどうしても高騰せざるを得ないといえる。あるいは
価格をある程度，維持しておくことを前提にするのであれば，該当する農作物
の輸入を行うしか方法がない。文字通り，消費者は品質の定まらないものを購

入せざるを得ない状況となり，不利益を被る選択肢しか持たないのである。こ
こで生産主体となる供給者側から視点を移し，需要者側としての消費者の側か
ら検討してみることにする。そこには機会費用という概念を検討する必要があ
る。そしてこの機会を活かす行動として供給者側の行動について検討すると，
そこには企業機会が必然的にみえてくる。

① 不利益を被る消費者の機会費用

　既述の通り，消費者は不利益を被るしか選択の余地がないような状況は，経
済学分野でいう機会費用（opportunity cost）を意味する[47]。この機会とは，
時間の使用，消費の有益性，効率性に関係する経済学上の概念である。複数あ
る選択肢の中で，同一期間中に最大利益を生む選択肢とそれ以外の選択肢との
利益の差のことを意味している。最大利益を生む選択肢以外を選択する場合，
その本来あり得た利益の差の分を取り損ねていることになる。そのため，その
潜在的な損失分を他の選択肢を選ぶうえでの費用（cost）と表現している。ま
た，類似する概念として機会損失（opportunity loss）がある。この概念は，
機会費用がある選択を実行することで（他の選択が実行できなかった）生じる
概念であり，生じた架空の費用，損失（loss）を表現する積極的概念である。
これに対して機会損失は，単にある行為を実行できなかった，実行し損ねたこ
とで生じるあるいは生じた架空の損失を表現する消極的概念であり，ややニュ
アンスが異なる点に注意する必要がある。逸失利益（lost profits）という概念
もある。こちらも機会費用よりは機会損失に近い概念である。したがって，小
農もしくは農業という産業分野からみれば，上述の ③ マーケティング・コン
セプトの消費者志向あるいは ④ マーケティング・コンセプトの社会志向つい
ては，適合しない方がむしろ都合が良いとも理解されるのである。

　こういった行動は，消費者にとっては不利益を被り，真逆の行動となるが，
（農協主導型の）農業にとってはむしろ好都合ということにもなる。なぜなら，
農業という産業部門の利益を上昇させるからに他ならない。したがって，農業
分野へは他者を参入させない，障壁を作り都合よく産業の経営を行っていくか
が重要な意味を持つことになるのである。こういった行動は，食料生産ビジネ
スへの障壁として位置づけられる。この点については，図4-4に示したよう
に，次章で検討する。

食料生産主体（第1次産業）　　　　　　　食料生産主体（第2次産業）

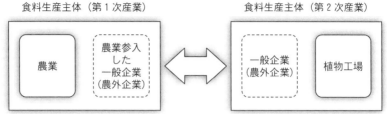

出所：筆者作成。

図4-4　食料生産の効率的主体

　ところで第3章で検討したように，農業における数々の問題点や課題が山積みの状況の中で，農業そのものが弱体化している状況にある。イノベーションの視点からも農業の努力は見受けられるが，実際にはマーケティング・コンセプトで検討したように，③消費者志向，④社会志向とはややかけ離れている状況にあるのではなかろうかと疑問が生じる。

　ここで図4-4を参照してみよう。図中の左側では，農業と農外企業が位置づけられる。日本の現実の農業がこの問題へ対処できない状況を鑑み，力を借りる意味でも一般企業が農業分野へ参入することを可能にしてきた。それはそれで閉鎖的な農業が門戸を開けたのである。しかしながら，これでは農業が維持できても農産物の輸入食材や不測事態についての農産物不足からくる品薄を賄おうとするならば，価格や品質という点で，消費者に対して納得という理解を押し付けることになるであろう。消費者は，高価な農産物を購入するという不利益を被るしか方法がない[48]。このような状況は解決されることが好ましい。そのためにはより良い製品づくりと安定した市場が必要不可欠であり，イノベーターの存在が重要である。ところが伝統的に，イノベーションはメーカーが行いニーズに応じた製品開発をし，市場化するものといわれている。期待利益仮説という概念を用いて，メーカーかユーザー（サプライヤー）といった単独イノベーターを想定しているが共同イノベーションの存在を想定していない[49]との指摘もある。このように，食料生産のイノベーションについては，産業レベルでの受容を検討する必要があろう。すなわち図4-4の両方がうまく機能するものも対象となることをここで述べておく必要があろう。

② 食料生産における企業機会の獲得へ向けて

食料生産の分野において，このような利益獲得可能な状況あるいはニッチと呼ばれる市場でのビジネスの機会があるのであれば，企業がビジネスとして食料生産の市場へ参入する可能性を検討する余地がある。当然，農業としての産業部門が，農業への参入を認められた一般企業の参入は，まさに企業にとって収益性を見出す機会を得ているからに他ならない。換言すれば，企業家精神の必要性そのものに他ならないのである。もともとイノベーターと称される企業家達によって，社会経済が変化を遂げていく様相は，まさにシュンペーターが示したイノベーションであり，本研究においてもこの視点から本章で検討してきた通りである。

ここで企業機会について検討していくことにしよう。企業はそれを取り巻く経営環境の中において，分業による協業の成果を持続的に利益として得られるような機会を見出していなければ，企業家的行動を起こすことはしないといえる。この機会は，経営史学の分野において企業者機会（entrepreneurial opportunitiy）もしくは経済的機会（economic opprtunity）という概念[50]を用いている。企業は経営環境の中に企業者機会を見出し，そこに狙いを定めた経営戦略を策定していくことになる。そしてその経営戦略に沿って企業の中の人びとの行動を合理的に合わせていきながら，分業のメリットを得るために安定的に経営活動を続けていこうとする。この一連の過程において，企業と環境との間の関係は，3つの段階に分けて考えることが可能である。

まず第1段階では，企業は環境の変化の中に新しい企業者機会の発見である。この段階では，環境変化こそ新しい企業者機会を提供するものであり，環境変化は企業にとって望ましい行動といえる。

次の第2段階では，企業は安定を追求することになる。新しい企業者機会を見出すためには，環境の諸条件の中の変化に気づいたり，それを予測したりすることが重要である。ひとたび新しい企業者機会を見出し，これを目的とした戦略を策定する。その戦略に沿って整序された企業内の諸活動が始められた段階においては，それ以上の経営環境の変化は望ましいものではなくなる。この段階になると，現実に起ってしまった変化を避けていくか，もしくはこれに対して微調整を行いながら目的あるいは目標を合理的に現実の行動を合わせてい

く戦術で対応していくことになる。このように経営戦略の基本には変化がおよばないように行動していこうとするのである。

　そして第3段階では，経営戦略への固執である。ある1つの経営戦略を軸にした企業と経営環境の間の関係には，さらに次の段階があるといえよう。企業は，安定的に操業するために，経営環境の変化を嫌い，むしろそれを安定化させようと努力する。しかしながら，このことが時に現実の変化を見えなくさせてしまう可能性もある。現実の変化が見えなくなるという傾向については，経営史学上の事例から見ると次のようにいうことができる。すなわち，第1段階での企業者機会を見出す読みが的中し，第2段階で十分な利益をあげるという意味での成功が大きければ大きいほど，第3段階での見えなくなる程度がより大きくなるということである。

　以上の視点から農業は第3段階目に位置づけられるといえよう。これを背景にして消費者に不利益を被らせることなく，そして，食料生産の市場も安定する。よって価格も安定する食料生産市場の状況を検討するのであれば，やはり同一産業内の補完関係や競争状態を作り出す上でも，イノベーションを受容し，これをもとに競争や学習の概念を検討する。そこにはまさしく新たな生産主体として検討する余地があるのである。

(3)　環境重視の経営行動

　もう1点，農業のイノベーションとして検討しておかなければならないことがある。それは環境への負荷すなわち地球環境への悪影響の問題である[51]。

　農業を営むうえで農作物の効率的な生産と収穫では，化学肥料や農薬などに頼らざるを得ないことは周知の通りであろう。しかしながら，これらは近年，環境問題の一因として位置づけられ，環境破壊の元凶あるいは農業の課題としても取り上げられている[52]。化学肥料や農薬などの化学合成資材に大きく依存した従来通りの農産物生産は，一般的に，慣行農業と呼ばれている。従来通りの慣行農業は，水質汚濁や農薬汚染といった環境汚染を引き起こしやすいといえる。同時にこれらの問題は，1つの地域や国のレベルで管理できる問題ではないという点も重要である。農業経済学や農業経営学の範囲とするところは，一般的に，国内の研究課題が中心となっている。地球環境問題ともなると

農業の影響を考えた場合，議論を国内のみでとどめるのは狭い議論である。換言すれば，環境汚染物は越境することでも知られるが，国内のみという範囲を限定することが難しく，常に難解な問題となっている。化学肥料や農薬の使用条件は，各国によって使用制限が異なっている。そのため日本のみの規制では，この抑制は困難であるといわざるを得ない。例えば，田畑（露地）で散布・投与された化学肥料や農薬は土壌に浸透し残留農薬になる。また，浸透しない残留農薬は，小川から河川を伝わり，やがて海へと流れ着くことになる。これらは海流によって運ばれ微生物に分解され，魚貝類などによって吸収されていくことになる。そして食物連鎖にしたがって，やがて人体へ吸収されることになる。これらは第3章で取り上げたように，国内の事例ではあるが，新潟の米産地に農薬が原因となる胆嚢がんが多いことは，まさに人体への悪影響としても指摘されている通りであった。化学肥料や農薬等の側面からも，海外で生産された輸入農作物の安全性の問題も指摘できよう。これも第3章で述べたように，オーストラリア産のメロンなどはこの具体的な例である。この点については，近年，非常に重要な問題として注目されている。

　このような土壌への影響や地球環境問題も慣行農業と称される，いわゆる農業の効率化を順守してきた1つの結果でもある。こういった問題を含め農薬の多投の問題は環境問題という非常に重々しい問題として取り扱われる。

　ここで，ビジネスを行っていく上で，自然（あるいは地球）環境への配慮が必要不可欠な指摘について少し検討しておく必要がある。図4-5を参照してみよう。この図の中で，環境価値の追求（持続可能性）と経済価値の追求（競争優位性）の2つが両極に位置している[53]。前者すなわち環境価値の追求は，環境に悪影響を及ぼすことをできるだけ軽減しようと試みることを意味する。そのため持続可能性を重要視する企業経営を行うことを意味している。後者すなわち経済価値の追求はまさに競争優位の追求を意味する。

　ここで図4-5の中の左側（前者）に偏るとどうであろうか。企業が行うビジネスは，環境価値の追求に専心することになる。当然，企業の組織内外への環境配慮活動を行うことになる。しかしながら，これは非常にコストが嵩み十分な利益が出にくいといえる。極めて重要であることではあるが，この環境を過度に重視した活動を行うと，企業そのものの持続可能性が問われることになっ

出所：宮坂・水野編（2017），100頁，「図表10-1 環境経営のシーソー」。

図4-5 環境経営のシーソー

てしまうことは否定ができない。

　一方で，図4-5の中の右側（後者）に偏るとどうなるのであるか。それは経済価値の追求に企業が専心することになる。それは企業の存続にとって重要なことであるが，企業が収益性の追求に偏ると環境配慮への企業行動はコストが増加するため行われないことになってしまうであろう。

　そこで，この両極に位置する2つのバランスをいかにとることができるかが環境に配慮したビジネスである。第1次産業における農業においても，第2次産業における工業・製造業や第3次産業における商業・サービス業においても，このバランスをとるのはとても難しい課題といえる。しかしながら，持続可能な社会へ向けたビジネスには，環境問題への取り組みが不可欠な要素であることは否定できないであろう。

⑷　農業とビジネスにおける概念の齟齬

　本節では，農業とビジネスにおいて，同一用語であるが異なる意味で用いられる規格，競争そして学習の概念の検討を行った。何より同一用語を使用しても，この3つの概念について意味する内容には，見解の相違が生まれていることがうかがえる。この齟齬が生じているのでは，いくらビジネスという視点に俎上にあげても，当然のことながら議論が噛み合うことはない。同時に農業には参入が困難な状況，すなわちニッチ（niche）という名の隙間がなさそうに思える状況ではあったが，機会費用と企業者費用についての理解の視点から，ビジネスの視点で検討すると，まだ，ビジネスの可能性があると考えられる。加えて，土地を用いる農業といえども環境に対する配慮行動は重要であろう。むしろ転換としての機会であると同時に管理が求められる制約要因と位置づけ

られる。

5. 小　　括

　本章では，食料問題を解決する主体が農業あるいは農業へ参入が許された1部の一般企業（農外企業）であるという枠組みを，社会の問題であると仮定し俎上にあげることで，改めて食料生産問題へのイノベーション的アプローチを検討した。これを経営学で取り扱うビジネスという視点で捉えることによって顧客の創造という概念に位置づけ，これを構成する2つの要因すなわちイノベーションとマーケティングを検討したのである。これらの2つの議論から食料生産の主体である農業は，様々な努力をしているように思える。しかしながら，規格，競争そして学習といった3つの概念をそれぞれ検討してみると，同一用語を用いながらも，農業とビジネスでは異なる概念で捉えていることが理解できる。この乖離が様々な問題点が生じさせており，またその核心に迫る難しさが存在しているのである。

　以上の問題は，食料生産の主体の経営形態があくまで農業であるという画一的な考え方によるものである。食料生産における農業という生産主体は，フードシステムやアグリビジネスという視点で捉える固定概念のようである。経営学におけるビジネスという視点から捉えると，ここにも新規事業を創造するうえで，最大の障害は社会の価値規範である[54]ことがうかがえる。そして以前と同じような財やサービスが生産され続けているような経済は，たとえそこに成長があったとしても，シュンペーターは発展あるいは進歩とはいわない[55]との指摘もあるように，食料生産において抜本的に考え直すのであれば，まさに図4-4の右側の箇所に入る生産主体としての植物工場ビジネスを提案することとなるであろう。経営学的なビジネスで捉えると，経営戦略の視点から産業や市場の隙間を見出し，そこに企業家機会を見出すのであれば，まさにビジネスのチャンスすなわち企業機会といえる。しかしながら，どのような生産主体の経営行動でも良いのかといえばそうではない。環境配慮の経営行動という条件が付くのである。ビジネス分野においても持続可能性が問われているが，同

様に農業においても持続可能性が問われているのである。同様に，これを可能ならしめる産業組織の整備が参入の条件となることは明白であろう。

注
1） この点については後述するため，ここでの議論を割愛しておくことにするが，ここでの指摘は，次の研究を参照とした。持田（1995），143-144頁。
2） ここで，経済学的には歴史的に議論されてきている。代表的なものを1点，挙げてみれば次の文献をあげることができよう。Hayami and Ruttan（1971）。
3） 上原編（2015），1頁。
4） 同上書，2頁。
5） 竹中・ムーギー（2018），246頁。
6） 生産不可能性と移動不可能性という2つの視点についての説明は，次の文献を引用した。大泉・津谷・木下（2017），51頁。
7） 経済学としては，差額地代論として取り扱われている。地力（肥沃度）という視点と地域制と外延性に関係して，そこから生産される財貨を差額として算出した剰余価値を検討する。
8） この代表的なものは，F.ケネーであるとされており，重農学派（重農主義）に象徴される。その後様々な議論が取り交わされ，マルクスによる絶対地代論で完結されるといわれている。
9） 當間編（2018），「第6章 イノベーションを理解する」。
10） Shumpeter（1934），翻訳書，182-183頁。
11） Stiglits and Greenwald（2015），翻訳書，ⅱ頁。
12） 米倉・清水編（2015），ⅲ頁。
13） Chesbrough（2003）。
14） 堀田（2017）の著書の中に，「第8章オープン・イノベーション」というタイトルで詳しく記されているので参照されたい。
15） 米倉・清水編（2015）。
16） 農商工連携促進等による地域活性化のための取り組み（2007年），新成長戦略の改定とフォローアップ（2008年9月，閣議決定）において，農商工連携の新たな切り口として，植物工場の普及・拡大を図っていることが決定されたことからも社会的な要請があることがうかがえる。
17） 神門（2012）。
18） 「HACCP（ハサップ）」（閲覧日：2018年04月07日）。
19） 農産物については，小農もしくは地域の農業従事者が，個別に認証を行うという意味では，農業という産業の枠を越えていく経営行動であるため，オープン・イノベーションの対象となっている。
20） 石田・吉田・松尾ほか（2015），79頁。
21） 同上書，80頁。
22） 経営学分野のマーケティング戦略は，機能別戦略の項目に内包され，論じられていることからもわかる通り，販売部門の職務を表すこととして位置づけられている。経営学検定試験協議会監修，経営能力開発センター（2010）。
23） 竹内編（2006），3-4頁。
24） Kotler（2002），翻訳書，5頁。
25） 竹内編（2006），4-8頁。この点について，個々の研究者の見解はあるが，個々に異なる意見を持つというよりは，マーケティングという分野を規定する枠組みについて統一的な見解を持っていることが示されているように思われる。そのため，本書ではマーケティングの議論が中心的な

問題ではないため，ここでは割愛することにする。

26)　竹内編（2006），3 頁。

27)　同上書，3 頁。

28)　同上書，9-10 頁。

29)　同上書，10-11 頁。

30)　同上書，11-13 頁。

31)　同上書，13-14 頁。

32)　岡本眞一編，當間ほか（2013）「第 10 章 環境マーケティング」を参照されたい。

33)　この代表的な考え方はコモンズ論である。次の研究はとてもわかりやすく説明されているので，ここで次の文献を紹介しておくことにする。玉野井（1978）。

34)　石田・吉田・松尾ほか（2015），80 頁。

35)　竹中・ムーギー（2018），頁。

36)　同上書，246 頁。

37)　同上書，248 頁。

38)　十川・榊原・高橋ほか（2006），183 頁。

39)　山田（2009），2 頁。

40)　競争の概念を明確にすることは重要であろう。同じ「競争（emulation）」と「競争（competition）」の差異は重要である。この競争の概念の差異について取り上げている文献は次の通りである。前田（2013），185-187 頁。なお，次の文献においてここでいう競争の概念について検討がなされている。井上・名和田・桂木（1992），15-21 頁。

41)　井上・名和田・桂木（1992），20-21 頁。

42)　ここで，ポーターによる競争戦略の指摘は重要であろう。企業同士，産業同士，国同士をある一つの基準で見た場合，比較優位あるいは競争優位という状況を説明しうる概念である。

43)　井上・名和田・桂木（1992），17-18 頁。

44)　石田・吉田・松尾ほか（2015），79-80 頁。

45)　Argyris（1992），pp. 8-10。

46)　現在の農業が，よりよい経営を目指すのであれば，イノベーションを受け入れることを前提とした企業家行動が必要となろう。そのためには，競争という概念にしても，学習という概念にしても，これらを変えていく必要がある。本書のように，むしろビジネスの視点から考察することで，このような議論および指摘が可能になると考えられるのである。

47)　亀川（2018），26 頁。

48)　これに基づいて，ナッシュ均衡（＝ゲーム理論）のような状態を仮想的に作り出すことを想定するとそこには空白ができる。この空白を補完関係で埋められる状況づくりにしないと，消費者あるいは需要者は被害を受けることになる。まさに，市場が欲する状況よりも量が多く，しかも安くできる可能性を模索する必要があることを意味している。企業がより収入を求められる状況はまさにこの状況である。

49)　小川（2000），20-26 頁。

50)　土屋（1989），71-79 頁。

51)　「経済学者が外部経済と呼ぶもので，生産によってもたらされるもので価格がついていかないものであり，これゆえに企業は生産活動を続けるべきか中止すべきかに関して，市場機構を通じては何のシグナルも得ることができない。日本では，この最も恐ろしい例として水俣病があるが，大気汚染，廃水，都市の過密などに無数にみられるものである」と次の文献で指摘している。Heilbroner（1972），翻訳書，2 頁。

52)　大泉・津谷・木下（2017），25 頁。

53)　宮坂・水野編（2017），99-100頁。
54)　亀川・青淵編（2009），10-11頁。
55)　吉川（2009），24-25頁。

第 5 章

食料生産における農業の代替的生産者
―植物工場ビジネスへの着目―

　食料生産は，消費者にとって極めて重要なものである。しかしながら，現在
の我が国の食料自給率だけを考えてみれば，生産能力に限界を感じざるを得な
い。そこで，この食料問題の解決と課題の克服に向けて，新たな生産者として
の試みを模索する必要がある。第 4 章において検討してきたように，食料生産
における機会費用として社会が被る不利益を考えた場合，図 4-4 の右側の箇所
を検討しなければならないのである。自由市場を前提にして食料生産の市場に
参入する生産主体という視点から，ビジネスが成立するマップをデザインする
必要があろう。それが植物工場ビジネスである。この植物工場について，ビジ
ネス視点から，本章では考察していくことにする。

1. 食料生産の新たな経営形態の存在と意義―植物工場の登場―

　近年，食料生産に関する新たな取り組みとして，植物工場のビジネスが注目
を浴びている。植物工場への期待感や必要性は，農業と比較して，何よりまず
品質を一定に保ち安定生産ができるということであろう。そして，目標値に近
づけた定量・計画生産が可能であるということである。本節では，この植物工
場の概念的な枠組みとして，種類と用語，定義そして起源と史的変遷について
検討していくことにする[1]。

(1) 植物工場の種類と用語
　まず，植物工場という用語はいったいどのようなものであろうか。実は，こ

の概念について一様の固まった見解はないようであるが，一般的に，植物を生産する工場のイメージが念頭に浮かぶであろう。植物工場という用語を用いて説明されるものには，実はいくつか考えられる。もちろんその原点ともいうべきものは，工場そのものの印象を持つものであろうが実は一様ではない。例えば，図5-1にみられるものは，日本でも植物工場が研究され始めた初期のころから続く，いわゆる植物工場である。ところが，図5-2，図5-3，図5-4，図5-5の各図にみられるもの全てを植物工場と呼んでいる。工場内・室内といった屋内で，人工的な工夫を凝らして光を用い，植物の栽培状況を水や肥料等を人工的に制御（コントロール）することを前提とし，植物を生産（＝栽培）する行為であるということは共通している点である。

　ここで農業におけるハウス栽培について，植物工場とも呼ぶことのできる点を指摘しておこう。ハウス栽培が人工的に植物を育成させることは，植物工場と共通している。しかしながら，ハウス栽培は基本的に土壌を用い，そのうえで作物を生産することを前提とする（図5-6参照）。冷気や寒さを防ぐことを目的とする場合が多いといえる。また，脱着可能性や開閉可能性などの工夫を凝らされたものもある。これらは，手軽に使用されるビニール素材を用いることが多いことからビニールハウスなどと呼ばれ，本研究で扱う植物工場とは異なる点が多い。蛇足になるが，ハウス栽培はビニールではなく，ガラスやアク

出所：日経ビジネス『ECO JAPAN―成長と共生の未来へ―』
（閲覧日：2012年11月03日）。

図 5-1　植物工場

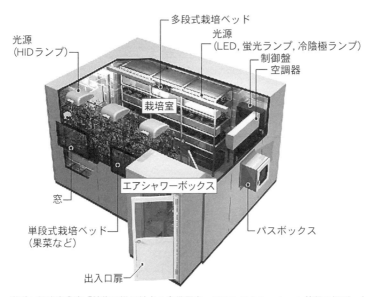

出所：経済産業省「植物工場に対する意識調査—デモンストレーション施設の概要—」
　　　（閲覧日：2012 年 11 月 3 日）。

図 5-2　植物工場

出所：大和ハウス工業株式会社「大和ハウスグループの"農業
　　　の工業化"第一弾 植物工場ユニット：agri-cube（アグリ
　　　キューブ）」（閲覧日：2012 年 11 月 3 日）。

図 5-3　植物工場

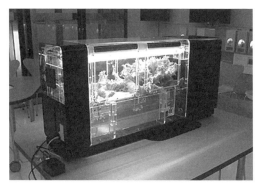

出所：日経ビジネス「パナソニック，野菜に挑む」
（閲覧日：2012年11月7日）。

図5-4　植物工場

出所：「日本サブウェイ丸ビル店」（閲覧日：2012年11月7日）。

図5-5　植物工場

出所：田舎農園「新鮮な野菜を安全に」
（閲覧日：2012 年 11 月 7 日）。

図 5-6　ハウス栽培

リル板等のような材質のものを用いる場合もある。比較的強度があり，なおか
つ太陽光を取り入れやすいためにこれらの材質を用いる。しかしながら，脱着
および開閉の可能性を考慮した上で設計されているため，基本的には土壌で食
物を栽培する。いわば農業における露地栽培の延長線上にあるといえるのであ
る。換言すれば，露地栽培の生産能力を上げ，補強し，時期をずらすなどの目
的で用いられるものであり，基本的には農業の範疇に入るといえる。近年，進
歩した農業という意味を込めて，植物工場はサイエンス農業という呼び方もさ
れてきており，単なるハウス栽培ではないと指摘されている[2]。この植物工場
は，植物を生産（栽培）する視点から検討してみれば，農業と同等の機能を持
つものであるといえるであろう。したがって，植物工場とハウス栽培とを混同
しがちであるが，図 5-1 から図 5-5 と図 5-6 を比較してもやはり，農業の延長
線上にあるといえるのではなかろうか。

(2)　植物工場の定義

　ここで改めて植物工場の概念について，どのように捉えていけば良いのであ
ろうかと疑問が生じる。実は，この概念について一様の固まった見解はない。
したがって，定義づけもなされていないと指摘される状況にある[3]。

　これを受け，植物工場という用語の使われ方を検討してみる。すると植物工

場という用語の使われ方についても一様ではないことに気づくであろう。実は，植物工場は，プラント・ファクトリー（plant factory）と呼ばれることが多い。この名称で通じる地域はアジア圏の国々に多い。日本の技術を利用したものが多いことが理由である。簡単にいえば，日本から輸出されたものである。一方，欧州では植物工場とは呼ばれず，グリーンハウス（green house）という言葉が一般的である。これはガラス材料を用いたハウス栽培が主流であり，ハイテク技術を活用した栽培方法が一般的である。その他の呼び名としては，ハイテク・グリーンハウス（high-tech green house）であったり，水耕栽培を主として行うことから溶液栽培を意味するハイドロポニクス（hydroponics）であったり，多段的に積み上げた栽培方法という意味でバーティカル・ファーミング（vertical farming）と呼ばれたりすることもある。また，米国では，環境制御型農業という意味のCEA（controlled environment agriculture，以下CEA）という言葉も使われている。最近の呼称では，都市型農業としてアーバン・ファーミング（urban farming）と呼ばれており，第1章でも挙げたが，英国のロンドンの地下の空間利用として植物工場が栽培されこれを都市型農業といっている。

　以上，検討してきたように，呼称については様々に用いられており，統一した使われ方はなさそうである。概念の意味としては，米国のCEAという環境制御型農業を想定して良いと思われる。しかしながら，この概念について日本の植物工場の第一人者である高辻正基が重要な記述を行っている。ここで紹介しておこう。植物工場は，環境条件に合わせて作物を制御するのではなく，作物に合わせて環境条件を制御する[4]という考え方にもとづいている。これには，太陽光利用型と人工光による完全制御型の2つの手法にもとづいている[5]。いずれにしても，植物工場の定義を行うとすれば，野菜や苗を中心とした作物を施設内で光，温湿度，二酸化炭素濃度，培養液などの環境条件を人工的に制御し，季節や場所にあまりとらわれずに自動的に連続生産するシステム[6]ということができる。本研究においても，これを植物工場の定義として捉えている。

(3)　植物工場の起源と史的変遷

　では，植物工場はそもそもいつごろから始まったのであろうか[7]。1957 年，一般的に，北欧のデンマークにあるクリステンセン農場で野菜の生産が始まったことに端を発するといわれている。北欧は冬季になると雪や寒さに加えて日照時間が極めて少なくなるという地理的条件がある。そのため作物を栽培する上で，生産効率を考える必要があったのであろう。そこではガラスで覆った施設を建設し野菜を生産することとなったことに由来する。これは現在，脚光を浴びている植物工場とはいい難く，どちらかといえば，上述したハウス栽培と呼ばれる施設栽培に近いといってよい。これは農業の延長線上にあると考えられる。したがって，本研究の植物工場のイメージとはやや異なることを述べておかなくてはならない。そこで生産の対象となった植物は，スプラウト（sprout）と呼ばれる野菜類である。これは新芽を意味する。かいわれダイコンやモヤシなどに代表される野菜はこの類である。このスプラウトを発芽から育成，収穫，包装までを一貫して生産し，約 1 週間で出荷する野菜の生産が行われた。これが植物工場の起源とされている。特にオランダにおいては果菜類（例えば，茄子・きゅうり・トマトなどの果実を食用とする野菜）や花卉類（例えば，花などの観賞用に栽培される植物）を中心に施設園芸として発展してきた背景もある。このような背景を契機として，植物工場をビジネスとして経営するという視点から，その後，オーストリア，スウェーデンそして米国等の国々における企業が着手してきた経緯がある。

　さて，このような歴史的な背景の中で，日本において植物工場への着手はいつごろから始まったのであろうか。植物工場は，1974 年に，日立研究所の高辻正基を中心に行われた研究が発端となっていることは確かなようである[8]。その後，数々の企業が着手し，にわかに植物工場のブームが起こることになる。その世代は大まかに 3 つの期に大別することができ，これを時代ごとに照らし合わせ，まとめてみると下記の通りである[9]。

　まず，植物工場のブームとしての第 1 期は，1980 年代の中ごろである。1985 年につくば科学万博では回転式レタス工場が展示され，ダイエーららぽーと店の野菜売場奥に植物工場ができた時代である。これに象徴されるバイオ産業自体への注目が高まりをみせる。地方の第 3 セクター，三菱電機株式会社を

はじめとする大手企業がビジネス参入をはじめ，植物工場に大きな注目が集まった。

　次いで，植物工場は，1990 年代前半から後半にかけて，第 2 期を迎えることになる。政府（農林水産省）が先進的農業生産総合推進対策ビジネスを導入することを契機として，大きな転換期を迎える。これが企業の参入が促進される要因となり，キユーピー株式会社を代表として，いくつかの企業が参入した。生産工場の建設とともに，特徴的な三角形の栽培パネル，噴霧式での養液噴射，独自の照明設備などを TS ファームシステムとしてパッケージ化し，システムの販売と栽培指導を開始した。これらの施設は現在でも稼働している。また，この期には，農業生産とは業界を異にする企業の参入もあった。例えば，JEF ライフ，エスペックなどという会社の参入である。

　そして，植物工場は，2000 年代から現在にかけて，第 3 期ブームを迎えることになる。LED をはじめとする人工光源の技術革新，これに付随するエネルギー効率の改善などを背景に，産業としての植物工場が注目を集めることとなる。これに先立ち，2000 年代前半から株式会社ラプランタや株式会社フェアリーエンジェル，株式会社スプレッド，小津産業株式会社などをはじめとする企業が植物工場ビジネスに参入することとなった。これらの会社は，いずれも蛍光灯を用いた多段式の完全人工光型植物工場であった。2009 年 1 月，経済産業省と農林水産省が，農商工連携研究会植物工場ワーキング・グループを立ち上げ，さらにその成果を受けて，2009 年度には，両省合わせて 150 億円もの補正予算が確保されることとなった。現在は，このような政府（経済産業省と農林水産省）の政策もあり，日本サブウェイ（図 5-5 参照）のような企業による店産店消に基づく取り組み事例もある [10]。

　以上，これまで検討してきたように，植物工場には 3 つのブームがある。また補足となるが，植物工場へ着手しているものをあげると，「完全人工光型植物工場」は 34 件，「太陽光・人工光併用型植物工場」は 16 件である [11]。なお，完全人工光型植物工場市場は，2014 年は 10 年比で 6.3％増に拡大するとの見解もあり，将来のあるビジネスとしても注目を浴びている現状にある [12]。

　近年，日本の植物工場は，中国，ベトナム，タイ，シンガポールをはじめ，中東やロシアなどの国々へ進出している [13]。乾燥気候の地域では，農産物の

生産が難しく，農産物は輸入に依存している。植物工場を用いて自国での農産物生産はやはり植物工場に頼らざるを得ない。貴重な水資源も淡水化プラントを用いて循環利用できる。寒冷気候の地域，例えばロシア，モンゴル，中国北部といった地域では，特に冬季に農産物を栽培することは困難である。そのため植物工場において，安定した生産が可能な植物工場への期待が高まっている。農地の狭い地域では，シンガポールや香港等，あるいはUAEなどの中東諸国でも，大都市の中での植物工場が導入され始めているなど，日本における植物工場の動向に関する重要性は高まりをみせている。

　植物工場は，社会的な問題解決の要請に応える主体として農業と同様のものを代替生産できるのであれば，農作物の生産にイノベーションを移入することになる。換言すれば，既存の農業の欠点や弱点を補完できる主体が存在すれば，農業に対してそれほど大きな影響を与えるわけではなく，野菜や菌類などといった限定的な生産物ではあるものの，食料供給の側面から食料に関係する社会の問題解決の一助となると考えられる。

(4)　食料生産力を高める政策的背景

　植物工場の普及と拡大に向けた政府の支援策（平成21年度補正予算）においては，農林水産省と経済産業省の2つの省で支援している。まず農林水産省では，栽培技術を高めた実証・研究および生産現場に対する植物工場の導入を支援している[14]。具体的には，モデルハウス型植物工場実証・展示研修事業，植物工場普及拡大支援事業，植物工場リース支援事業，国産原材料供給力強化対策等があげられる。また，経済産業省では，植物工場基盤技術研究拠点整備事業として植物工場に応用する基盤技術の開発および植物工場のPR活動を支援している[15]。

　以上のように，植物工場は，この2つの省の体制のもとで支援されており，社会的な要請と基盤の整備が行われてきた経緯がある。最終的には，農林水産省が中心となって，植物工場の拠点整備事業という名目で1本化して継続しており，支援（補助金）は継続している状況にある[16]。

2.　植物工場における経営戦略の展開

　食料生産においてビジネスを媒介にして問題解決を検討すると，経営戦略の視点は欠かすことができない。経営戦略は企業の方向性を示す指針として非常に重要な概念である。食料生産の主体は，農業という固定概念化された市場へ参入する時，植物工場がいったいどのような理論を背景として参入を検討したのであろうか。本節では経営戦略の理論を中心に，植物工場ビジネスの戦略的行動について検討する。

(1)　食料生産市場における企業機会と魅力度

　さて，経営学の分野において，ビジネスを通じて他社と競争する関係は，経営戦略論で取り扱われている分野である。この経営戦略の定義については，これまで様々に取り上げられてきた[17]。個々の理論の検討はもちろん必要であろうが，本研究では食料生産のビジネスを展開する上で要する事業戦略（business strategy）に注目して検討する。ここで事業すなわちビジネス上の競争優位をもたらす経営戦略の視点とは，外部環境における脅威を無力化し，外部環境における機会と自社の強みを活用すると同時に，自社の組織が持つ弱みを回避もしくは克服できる戦略でなければならないとバーニー（Barney, J. B.）が指摘している[18]。この指摘が示すように，食料生産において，これまで農業が支配的であった市場へ参入する際の脅威と機会を検討する必要がある。

　まず脅威と機会を検討する前に，そもそも食料生産の業界においてビジネスへ参入すべきかを検討する必要がある。換言すれば，前節において経営戦略の定義を検討したように，自社にとっての収益の可能性の確保ということが予測される。とりわけ，① 企業にとって外部環境の脅威とはどのようなものであり，その脅威とはどのようにして無力化することができるのか，② 企業によって外部環境における機会とは何であり，その機会とはどのようにすれば活用できるのか，③ 企業の強みとは何であり，その強みはどうすれば活用できるのか，④ 企業の弱みとは何であり，その弱みとはどのようにすれば回避もしく

は克服できるのであろうか。以上の４つの視点から，植物工場が食料生産のビジネスに参入することを十分に検討し，経営戦略としての意思決定をする必要がある。

　ここで，本書の関心である食料生産の業界へ参入する脅威と機会を検討してみることにする。第３章において検討してきたように，食料生産は，国際市場すなわち海外への輸出として農産物市場に力を入れていく方針を打ち出していることを指摘した。今後，国内市場のみならず国際市場も視野に入れていくことを念頭に置かなければならない状況であることは間違いなさそうである。そこで現在の日本の食料自給率から考えてみれば，食料生産の業界全体は必然的に拡充していく方向性が期待できる。ところが，農業からみれば，農産物の生産力を増強することを目的として，第３章において既述したように，農業という産業分野への一般企業の参入を認めてきた。もちろん一般企業の参入条件は，小農の所有する農地（土地）を賃貸することを前提とするなどの様々な条件が付いているが，これに従わない場合は農業としては受け入れられず，認定されてこなかったのである。したがって，一般企業が農業という産業分野へ参入する際には，自由に経営戦略を策定し，これに基づいて様々な市場へ参入するという自由度は，はるかに小さくそして狭い状況にあることが指摘できる。このような意味合いから，農業は同一産業内での防衛的アプローチをとっている状況にある。換言すれば，それはまさに食料生産市場における参入障壁を掲げ，これによって農業そのものはほぼ独占的状況にあるといっても過言ではない。小農との関係で成り立つ農協自体が，１つの地域に１つの農協しか存在できないという独占状態を認めていることに他ならない[19]。これこそまさに食料生産市場への障壁である点は強調する必要がある。

　一方，植物工場はどうであろうか。将来，拡張する可能性があると予想されており，将来性に対する期待は非常に大きいといえる。農産物市場を鑑みてみると，国内市場はもとより国際市場としてもその市場が拡大することが予想される。ビジネスとしての機会が非常に大きいことが考えられることが前提であろう。この点は，後述する第７章および第８章において，実態調査に基づく結果を示した際に確認そして明らかにしていくことにする。

　ところで企業の外部経営環境における脅威と機会について分析する主た

る目的は，その企業が存する業界全体としての経済的魅力度（industry attractiveness）を評価することにある。すなわち，この業界の魅力度とは，その業界の脅威と機会の程度によって決定される[20]。この指摘から，食料生産の分野はその経済的魅力度が高いといえるが，未開発の部分も多いといえる。したがって農産物市場における既存の農業は，まさにこの経済的魅力度を獲得したいために，防衛的行動として障壁をむしろ構築している状況にあるといってよいであろう。農産物あるいは食料生産業界において競争者が参入するということは，まさに脅威となる状況にある。植物工場が競合する脅威と位置づけられるため，ここに防衛的行動として障壁を築くことになる。そのため，農業と植物工場の間で軋轢が生じることになる。これは客観的にみれば本研究で問題とすべき課題であるが，一般的なことであるとも考えられる。

(2)　食料生産市場への参入行動

　さて，植物工場の機能や性能ではなくビジネスという視点で捉えると，まさしく経営戦略として業界への参入のしやすさを示している状況にあろう。そこで，食料生産市場への参入の脅威と期待感を示すことを検討する必要がある。

① 食料生産における業界の脅威

　食料生産という業界において農業は，植物工場と比較すると過去の経緯からいえば比較優位にあるであろう。しかしながら，同一市場で考えると，後発型である植物工場ビジネスは，農業にとってはどのような存在となるのであろうか。これは外部環境における脅威（environmental threat）と位置づけられ，その企業の外部に存在し，その企業のパフォーマンスを押し下げようとするすべての個人，グループ，組織のことを意味している[21]。そこで，経営戦略の分野，特に競争戦略において，ポーター（Porter, M. E.）が産業組織論の視点から検討した5つの競争要因を検討してみることにする[22]。ここで，図5-7を参照に検討してみることにしよう[23]。

a.　新規参入者の脅威

　まずは，新規参入者（new entrants）についてである。その業界でごく最近になって操業を開始したか，もしくはまもなく開始しようとしている企業のことである。新規参入の脅威は参入コストで決まる。参入コストは参入障壁の有

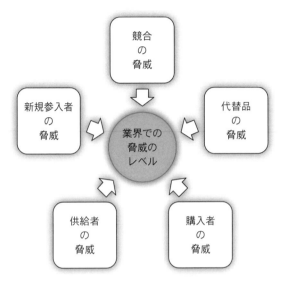

出所：Poter (1980)，翻訳書，18 頁の「図表 1-1　5 つの競争要因」をもとに筆者作成。

図 5-7　5 つの競争要因

無とその「高さ」によって決定される。参入障壁（Barriers to entry）とは，参入コストを高くするような業界の構造の属性である。具体的には，規模の経済，製品差別化，規模に無関係なコスト優位性，意図的阻止，意図的抑止，政府による参入規制があげられている。

b. 競合の脅威

次に新規参入は，既存企業がそのパフォーマンスを維持もしくは改善する能力に対する重大な脅威となる。競合（rivalry）の度合いも関係してくる。特に，業界市場全体の成長率が低い場合や製品差別化が難しい場合は，直接競合する企業間の競争の激しさが増すことがその理由となる。

c. 代替品の脅威

競合する企業から提供される製品・サービスは，自社の製品・サービスとほぼ同様の顧客ニーズを同様の方法で満たしている。一方，代替品やサービスは，自社とほぼ同じ顧客ニーズを異なる方法で満たす。代替品（substitute）は，先行する企業の製品・サービスについて分析し当該市場へ参入している。

同様の方法で満たすことを選択することはほとんどないといえる。また代替品は，多くの業界で潜在的利益を減少させている。そのため植物工場は農業にとって非常に脅威となる代替品を供給する。代替品が業界の製品やサービスをすべて置換してしまうこともあると指摘されるほどに脅威となる。

d．供給者の脅威

当該企業にとっての供給者（suppliers）は，供給価格を上げたり，供給物の品質を下げたりすることなどによって，供給先である既存企業のパフォーマンスに対する脅威となる。特に競合企業が，前方への統合，垂直統合（forward vertical integration）をはじめると，その威力はまさに脅威が増大する。供給者は供給者であることをやめ，供給者であるとともに同時にライバルにもなることを意味する。

e．購入者の脅威

自社の立場からみて供給者は支社のコストを増加させようと行動するが，購入者（buyers）は自社の収入を減少させようと行動する。購入者の支配力が多いほど，その業界の企業（自社）の利益はより大きな脅威にさらされる。購入者は，できる限り安い価格とできる限り高い品質を供給者に対して要求する。この水準は，競合企業が前方への垂直統合を行っている場合も含め，供給業者が享受している利益が高い場合は特に顕著である。この利益を狙って供給業者の業界へ参入していく強いインセンティブが働くのであろう。そこで後方への垂直統合（backward vertical integration）という戦略を行い，利益をできる限り獲得できる可能性を構築する。

② 植物工場への期待感

そもそも食料生産において，企業機会などと呼ばれるビジネスのチャンスはどれくらいあるのであろうか。それはまさに市場への参入であり，この期待感をここで検討する必要がある。

a．付加価値農産物の市場拡大

露地栽培に対する植物工場の生産物は，次のような点で有効であることがあげられる[24]。① 品質の安定，② 供給量の安定，③ 土地面積当たりの生産性の向上，④ 品質の制御・改善の容易さ，⑤ 高度な安全管理，⑥ 資源（水や肥料）の投入効率の向上があげる。日本国内で付加価値の高い農産物市場の認知度と

食味，健康への関心の高まりから，植物工場で取り扱える農産物の範囲が拡大する可能性があり，市場の拡大の可能性に準じてイノベーションとマーケティング双方の相乗効果が期待できると考えられる。そして，アジアの国々で付加価値の高い農産物を求める消費者層が大幅に拡大している。例えば，13億人以上もの人口を有する中国市場において，植物工場で生産されるような付加価値の高い食材に高い料金を支払う文化がある。

b. 安定供給に対するニーズの拡大

植物工場のコストを回収する2つ目の観点は，供給する農産物の品質と量を安定できるという利点からである[25]。農産物の供給は，これまで本研究でも検討してきたように，次のような2つの観点から工業製品と比べて不安定となることが考えられる。第1に，季節変動による不安定さがある。露地栽培は，1年を通して安定的に農産物を出荷できない。特に，冬季は品不足になり，高価格となることが一般的に予想されるが，温室栽培のようにコストがかかっても収益を確保する可能性は高いといえる。第2に，自然環境に依存する露地栽培は，栽培環境の変動による質量両面の不安定さからくる質と量の不安定さを持つ。植物工場は，農産物の環境の変化をできるだけ少なくし，工業製品のように出荷される農産物の質と量を安定して供給できる。農産物の生産のリスクを下げ，機会ロスを少なくすることが植物工場にとって可能である。

c. 世界的な気象・天候リスクの拡大

自然環境に依存する農産物の安定供給にとって，一番となる天候リスクは，異常気象である[26]。干ばつや温暖化など，農業は土地（露地）栽培が基本であるために，この気候変動に一番影響を受けやすい。気象や天候のリスクを考えてみれば，農産物の質と供給量を不安定にして資源投入のコストを増大させる。その点，植物工場はこういったリスクに対して安定的な生産を行う可能性があるといえる。この方がより経済合理性を追求した経営であるといえよう。

d. 土地制約と土壌汚染のリスクの拡大

露地栽培においては気候変動と並んで農産物の生産に対して大きなリスクとなっているのが土壌汚染あるいは環境汚染の問題であろう[27]。これらについては第3章および第4章の箇所で記述し検討した通りである。

e. 水資源制約の深刻化

地球に存在する水のうち生活に使える淡水はとても貴重なものである[28]。新興国や途上国では水不足が非常に深刻な問題になっている。一方で，露地栽培の農業では天候と深くかかわっており，時に，ゲリラ豪雨や洪水となって土地を破壊する。地球上の人口はますます増加しているが，水不足問題は循環装置を使うことで水そのものを確保して回避し，そして利活用することができるシステムを構築できる植物工場はとても利用価値は高くなる。

f. 植物工場の性能向上とコスト低下

植物工場が注目された最も大きな理由でもあるが，植物工場自体の性能向上とコストが経営と見合う範囲に入ってきたといえよう[29]。第1に，遮断技術の向上によって外部からの冷温，高温，有害物質，日光などを調整するための躯体技術が比較的経済的なコストで手に入るようになったことがあげられる。第2に，資源投入技術の重要な要素の改善である。種苗や液肥等のイノベーション，エネルギー効率の向上などが，植物工場の効率性を高める要因となっている。第3に，コンピュータとソフトウエアの進歩であり，これが性能の向上と価格の低下が起こったため，投資の負担が格段に低下している。

g. 高度な制御システムの普及

制御システムの向上は植物工場の安定した要となる[30]。第1に温度，湿度，育成状況などを把握するセンシング技術，第2に最適な栽培環境を得るためのデータを抽出する分析技術，第3に空調などの危機を適切にコントロールするための供給調整技術，第4に需給双方のデータを最適化する統合制御技術，第5に機器間，設備間，拠点間を結ぶ情報通信技術である。これらの技術の向上は，植物工場の経営に対して安定度の高い生産性ばかりでなく，品質および量の生産を安定させ，なおかつコストの低減を可能にさせている。

h. 農業従事者の技術の拡大

農業への一般企業参入は，農産物販売の収入から工場運営に関するコストを差し引いた利益で回収することになる[31]。一般企業が露地栽培に参入した場合，いかなるビジネスであってもこの構造は崩れないといえる。したがって，安定して収益性を確保する一般企業は，植物工場の経営にも参入する可能性は大きいといえる。そして，企業が持つマーケティングの機能を用いるならば，

従来の農協を通じた流通システムを活用しなくとも販路の確保は可能となる。

(3)　食料生産における農業の代替主体という位置づけ

　本節では，食料生産における企業の経営として戦略的行動を展開する企業機会と魅力度の視点から考察してきた。また植物工場が食料ビジネスの市場への参入行動と期待感を考察すると，社会の問題解決としての食料生産について，農業と併せてこの植物工場が主体となることで非常に容易になると考えられる。このような視点から，植物工場におけるビジネスの機会は，農業の代替的な生産主体としても期待感は大きいといえる。

3.　植物工場のビジネス化の要件

　これまで検討してきたように，植物工場は食料生産の業界において農業にとっての競合相手となることが理解できる。たとえ軋轢が生じたとしても，その業界の経済的魅力度に加えてこれに伴う期待感は非常に高いと判断され，当該市場と参入を決定することが推測される。既述したように，植物工場はその生産方法が土壌すなわち農地を使用せず，施設工場内で生産する工場であることがイメージできたのではないだろうか。植物工場の経営はあくまで工場という施設内での生産であり，土壌（露地）を利用した農業従事者によるものではない。その意味で，企業の経営者が植物工場を経営することに対する認識が必要となる。その際，多くのメリットとデメリットについては，当然，検討する必要がある[32]。

　企業が植物工場を経営する際，どのような点が重要かを整理する必要性から，ここではそのメリットとデメリットを整理していくことにしよう。メリットについては競争優位，デメリットについては課題と捉えることで，より経営戦略としての意味合いが出てくるため，これらの用語を用いることにする。

(1)　植物工場の競争優位

　さて，植物工場ビジネスの競争優位としていくつか考えられる。そのうちで

1，2を争うものはやはり生産物としての食料の安心や安全であろう。これは，植物工場の最大の特徴でもあるが，クリーンルームという条件のもとで屋内施設で生産される。ここで，端的にいってみれば，従来型の植物工場の必要性は，安定生産，定量，計画生産が主だった特徴であった。これらに加えて，高い生産性，高い品質，無農薬，ゼロエミッション，ロスカット（歩留まりの高さ），植物体の移動，コンピュータ制御，空間前利用した生産，インプット・アウトプットの算出，LCA 対応などの低コストが見込める状況になっており，植物工場においては，まさにこのような可能性がある[33]。

　工場内は，台風や干ばつなどの気象条件に影響を受けることは極めて少ない。また，大気汚染からの被害も回避できることそして害虫や病原菌などの影響も極めて少なくなることという，いわば自然環境に左右されにくいことがあげられる。これは同時に生産物を安定して供給することにも関係することになる。植物工場は製造過程で人工的に制御を行うため，生産物の品質や形状にばらつきが少なく，しかも生産物の育成や出荷の速度を調節できる。

　また，このような屋内制御の管理方式は，技術的な標準化と人事管理の側面においても重要な意義を見出している。とりわけ，労働者の雇用面では，パートやアルバイトをはじめ労働環境が高齢者や障害を持つ人々にも労働可能な軽作業となる可能性がある。

(2)　植物工場の課題

　以上のように，植物工場の競争優位は，生産物を合理的に製造するうえで良好な影響を与えると考えられる。しかしながら，日本のみならず諸外国の企業が植物工場を手掛けはしたものの，撤退した企業も数多くあるのには理由がある。それは，以下に示すように植物工場を経営する上で大きな課題があるからに他ならない。

① 植物工場の第 1 の課題

　何よりもまず維持コストが高いことであろう。工場の設置には，生産設備に対する巨額の投資が必要となる。また，工場を稼働させる際にも植物育成のための光源そのものや電力費，そして光源からの発熱を冷却する電力費などのコストが非常に高いことである。この巨額の生産コストによって採算性が合い利

益率の高い生産物がどれだけ製造できるかは不確かである。一般的に農家で生産される露地野菜や施設栽培の作物と比較すると，価格的な競争力が生まれるかどうかは難しい現状にある。そのため植物工場の生産物は付加価値という位置づけ，なおかつオープン価格となる。したがって相対取引が主なものとなる。このように，課題とされてきた植物工場に関するコストの問題は，近年，植物工場の研究者によってコストダウンをはかる研究[34]が少なからず行われてきており，ある程度のコスト削減は見込める現状にある。

　以上のように，植物工場における課題の克服はなるべく早く解決される必要があろう。しかしながら，技術革新の速度は極めて速く，照明については蛍光灯と LED（light emitting diode：発光ダイオード）の高性能化とコストダウン化の可能性が大きいといえる。この点については徐々に解決されると考えられる。また，空調については，省エネ化・代替エネルギーの開発と供給の可能性もまた大きいといえる。ロボティクスは，農業の IT 化を進化させ，農業のクラウド化ともいうべきトータルシステムとしての進歩もうかがえる。これらの技術を援用することで，問題視される高い水準でのコストは，現在，様々な産業において，解決すべき課題ともなっており，現段階でも徐々に解決されていくものといえるであろう。

② 植物工場の第 2 の課題

　加えて，このような技術革新で解決される可能性の期待感も増大する。その他にも有意な要因がいくつか考えられ，植物工場への取り組みを喚起させる材料がある。現段階では植物工場の生産物は味や栄養価が露地栽培の生産物と同等であるが，興味深いことに栄養価を調整することが可能である。とりわけ，野菜や果物などに対して，旬という概念が意味する理由は，その時期に味や栄養価が高く（濃く）なることである。この意味から，旬の食材を恒常的に生産可能な植物工場は優れており，生産物の品質上，露地（施設）野菜に対して競争力を持つ可能性は否めない[35]。また，植物工場専用品種が登録されれば世界的に価値ある知的財産となり得るのである[36]。そして国際社会において，日本の植物工場による生産物がさらに品質優位を納める可能性も考えられる。TPP による自由化率は農業分野への影響が大きいといえる。植物工場の製造による安全で安心できる高品質の生産物は，国際取引上の国際社会において，

確固たる地位を保持するためには必要不可欠なものとなる。そうすることで植物工場への期待感はますます高まるであろう。

　以上，植物工場の競争優位と課題，そして可能性のある条件を検討してきた。これらを認識したうえで，企業が植物工場をビジネスとして経営するためにどのような可能性があるのかを検討する必要がある。

4.　植物工場が志向する新たなビジネスの創造

　植物工場の特徴を検討することは，食料生産の主体となるか否かを選定する際に重要であると考えられる。本節では，植物工場のビジネス・プロセスについて検討していくことにしよう。

⑴　植物工場のビジネス・プロセス

　さて，企業が主体として植物工場をビジネスとして経営するのであれば，成果を期待することは必要である。そして成果を向上させるためにはビジネスのプロセスとその発展的な思考を必要とする。そのため，ここでは議論の基点として，経営学における一般的な考え方を述べ，そして本研究の中心的なテーマである植物工場ビジネスについて考察する。

　企業経営において，例えば，一般的な製造企業をこの植物工場を位置づければ，図5-8のようになる。この図5-8でも示されるように，ビジネスの一連の流れの中で，生産（製造）が中央に位置づけられている。ここで企業のビジネスの方向性を考えてみたい。経営学における垂直統合（vertical integration）の考え方を取り上げてみよう。この考え方は，企業がビジネスや他社を統合す

出所：筆者作成。

図 5-8　植物工場のビジネスの範囲

る際に戦略的に用いる手法である。図5-8中において，原材料から生産（製造）を経て販売そして消費に至る過程の中にいくつかの段階がある。また，この考え方はこの段階を経ていく一連の流れを垂直的なものとして捉えて，その中から2つ以上の段階を1つの企業内に統合することを意味している。そして，原材料の生産ビジネスへ向かって統合を進めていく方向性は川上と呼ばれている。この統合について，後方への統合（back-word integration）ということができる。一方，製品の販売へ向けて統合を進めていく方向性を川下と呼び，この川下への統合を前方への統合（front-word integration）という。垂直統合にはこれら2つの考え方がある。

　ここでこの垂直統合戦略において，川上への統合と川下への統合それぞれに成功要因を次の通り述べる[37]。前者は，標準化，同質化，低コスト，工程の革新などである。後者は，個別化，セグメント化，差別化，製品の革新などである。この視点が植物工場の分類に重要な着眼点を見出すことにつながる。植物工場ビジネスがいったいどのようなビジネス・プロセスを持ち，どのようなビジネス分野と結合することができるのかを検討する余地がある。以下では，川上と川下という2つの視点から，事例を挙げ，この位置づけを行うとともに，植物工場の応用可能な新たなビジネス分野を模索すべく検討してみたい。

(2)　植物工場の付加機能

　さて，企業が植物工場ビジネスへ参入する場合に，大まかに2つの結合のタイプが考えられる。

　まず第1に，農業（本業）に対する付加機能として植物工場ビジネスを位置づける方法である。一般企業でいえば，これまで営んできた業界において，自社の本業に対して機能を付加するタイプである。例えば，ハウス栽培のような施設を用いた生産（栽培）方式も同等であろう。これは一般的に行われている農業を露地栽培として生産方式を位置づけている。この露地栽培において，設備栽培という生産方式が付加された結合形態であると考えると理解しやすい。乾燥地域，寒冷地や冬季あるいは狭隘の地において非常に有効な生産方式であろう。植物工場の萌芽期におけるデンマークのクリステンセン農場などはこの代表的な例である。これは特に目新しい考え方ではないが，本業（既存）のビ

ジネスに機能を付加し補強すると考えれば，経営を安定させる試みとしてとても重要なタイプである。

　次に，企業の保有する資源をベースに植物工場への参入を検討する方法も考えられる。いわば，垂直統合戦略の視点から植物工場を手掛ける場合である。例えば，シナジー（synergy：相乗）効果としての意味も含めて検討するとわかりやすい[38]。電気メーカーが技術を生かして植物工場に参入する場合がそれである。例えば，家電事業や住宅等を手掛けるパナソニックが植物工業へ参入することはまさにこの好例である。この事例はいわば川下への統合戦略の中で植物工場を手掛ける場合である。また，食品メーカーが原材料や加工材料の機能を自らの会社で手掛けようとする，いわば川上への統合戦略の中で植物工場を手掛ける場合もこの範囲となろう。企業の従業員というシナジーを生かす意味での植物工場への参入もありうる。企業が規模を縮小化せざるを得ない時に，雇用されている人員を解雇するのではなくむしろ活かすために，新規ビジネスとして植物工場への着手を模索する場合も考えられる。加えて，これまで経営してきた企業のビジネスが，先行き不透明で新たなビジネスを模索する場合もまた同等用のタイプであると思われる。いずれにしても，新規ビジネスへの多角化を図る目的で着手する，これが参入の第2のタイプである。

　このように本業に機能を付加する場合も，技術シナジーや雇用シナジーを生かす場合も同様に，企業の経営を補強する目的として，植物工場への参入があると考えられる。図5-8にみられる一連のビジネス・プロセスの中での位置づけは，原材料の生産者としての位置づけとなる。農業を営むうえで，機能を付加するというバリエーションの1つとして，植物工場が位置づけられると考えれば，種苗の段階は植物工場で植物を育成し，農地（露地）に植えつけを行う栽培方式としてのタイプも考えられる。

　これまで検討してきたように，とりわけ第2のタイプは企業が植物工場へ参入する場合，これまでの企業の経営戦略として普通の行動でもあり，垂直統合の事例としても説明可能である。植物工場のビジネス上の位置づけや想定される新産業の位置づけは，従来の一般的な製造業の多角化としての位置づけと同様の理論的な説明がつき，まさに同等なものといえよう。

　以上，本節では，植物工場が志向する新たなビジネス創造の視点から検討し

てきた。植物工場はビジネス・プロセスの中で，どのプロセスを担うことがで
き，そして他産業から見ればどのように利用できるのであろうかという選択的
行動が成り立つのである。この点を理解したうえで，食料生産における植物工
場ビジネスのタイプがイメージできるのである。

5. 小　括

　本章では，この植物工場は，農業という産業部門には，土地を所有する者に
限定されるという障壁が存在しているため，同一俎上でひとくくりにして検討
することが難しいと考えられる。そこで本研究ではビジネスという視点から検
討することにした。企業家の行動として，食料生産におけるビジネスのデザイ
ンが自由に描けるという視点から，経営戦略とりわけ事業戦略論の視点から検
討してきた。食料生産における主体が農業であるという見解は，非常に固定的
な概念であり技術や市場が成長していくというイノベーション概念を議論する
余地を与えてはいない。そこで，食料生産における農業と同等の機能を携えた
植物工場のビジネスを俎上にあげ検討したのである。しかしながら，植物工場
での生産は野菜あるいは菌類などをはじめ，技術的には様々な食料が生産でき
る。そこはビジネスである限り，コストや回転率という視点から生産されてい
る生産物が必然的に限定されることになる[39)]。このように生産される品目は
限られている。また，他の生産主体がビジネスとして参入する可能性を検討し
なければならない。そこで食料生産を行っていくうえでこの指摘を検討しなお
す必要がある。すなわちそれは新規事業を創造するうえで，最大の障害は社会
の価値規範である[40)]ということである。この側面を検討するのには，表面的
現象で識別できる分類による産業（業界），ビジネス，製品といった視点では
この見解を検討するのは困難であろう。もっと，より根源的な要素，すなわち
生産要素あるいは機能といった側面から検討する。そしてこの変化に伴って経
営形態が変化することを，生産要素と経営形態との関連で検討していくことに
する。加えて経済および不経済という視点を加えて検討する必要がある。この
点については次章で検討および考察する。

注

1 ）　植物工場の概念的な取りまとめについては，研究発表等を行っている。次の論文において記述を行っており，そこからの引用としたので参照されたい。當間・倉方・当間（2013），13-31 頁。

2 ）　池田（2015），17 頁。

3 ）　植物工場と名を冠した著の類は，数多くといっても 20 刷程度であり出版されている。その大半が，工場の技術的可能性や稼働可能性におけるノウハウについての著述である。植物工場の社会および経済的な記述としては，イノプレックスの藤本真狩の論考が非常に優れており，講演等の資料がとても参考になる。例えば，藤本真狩（閲覧日：2012 年 11 月 7 日）。経済学や経営学の社会科学分野においての研究および議論はほとんど皆無である。このような意味から，本研究の植物工場におけるビジネス化についての経営学の分析については貴重な文献となろう。

4 ）　高辻（2010），151 頁。

5 ）　現在では，農林水産省では，この植物工場について，当初，高度環境制御型農業と位置づけていた。その後，農業と植物工場の差異を示す意味で高度環境制御施設として位置づけられていると考えられる。「高度環境制御施設」（閲覧日：2014 年 9 月 13 日）

6 ）　高辻（2010），頁。

7 ）　「植物工場ラボ」（閲覧日：2012 年 11 月 6 日）。

8 ）　日立総合研究所を退職後，植物工場学会の創設に尽力し，大学において講義をする等，植物工場における日本における第 1 人者である。代表的な著書は次の通りである。高辻（1979）。

9 ）　植物工場についてのブームについては，このテーマを扱う様々な文献に記されている。そのため，全てをあげることは難しい。代表的なものとして，本研究で用いた文献を 2 点挙げておく。高辻（1979）もしくは藤本真狩（閲覧日：2012 年 11 月 7 日）。

10）　これまでに日本経済新聞の紙面に植物工場をキーワードとして掲載された記事の数を年ごとに示すと，2009 年には 200 超の記事が掲載され，2010（6 月現在）で 150 もの記事が掲載されている。これは，植物工場が大きな期待を集めている証明であろう。参考文献は，次のとおりである。「対論　高辻正基　農業ビジネスの産業化と今後の行方～植物工場が目指すあるべき「食」の姿～」（閲覧日：2012 年 10 月 27 日）。

11）　この植物工場一覧のデータは平成 21 年（2009 年）のデータである。「植物工場の事例集」（閲覧日：2012 年 10 月 27 日）。

12）　『環境ビジネスオンライン（2011 年 11 月 7 日）』（閲覧日：2012 年 10 月 27 日）。

13）　井熊・三輪（2014），19-22 頁。

14）　「植物工場は自立できるか（Vol.1859）」（閲覧日：2014 年 9 月 13 日）。

15）　経産省の資料は，次の資料を参考にした。「植物工場の普及・拡大に向けた政府の支援策」（閲覧日：2014 年 9 月 13 日）

16）　この件について，農林水産省の担当者に直接確認を行った。次の資料を参考にして欲しいとのことであったので，ここで紹介しておくことにする。「次世代施設園芸導入加速化支援事業実施要綱の制定について」（閲覧日：2014 年 5 月 2 日）。

17）　経営戦略についての全体像を端的に把握するのであれば，Barney（2002），翻訳書，29 頁の表の1-1「戦略」の定義例にまとめられている。また，戦略の本質を詳細に記してあるものは，次の書籍をしておくことにするので参照されたい。Mintzberg et al.（1998），翻訳書（1999）。

18）　Barney（2002），翻訳書，113 頁。

19）　竹中・ムーギー（2018），246 頁。

20）　Barney（2002），翻訳書，114 頁。

21）　同上訳書，119 頁。

22）　Poter（1980），翻訳書「1　業界の構造分析法」，18-55 頁。

23)　この5つの競争要因については，ポーター（1980），翻訳書，18-55頁を参考に，Barney（2002），翻訳書，119-151頁を参考にして記述した。

24)　井熊・三輪編著（2014），2-3頁。

25)　同上書，3-4頁。

26)　同上書，4-5頁。

27)　同上書，5-6頁。

28)　同上書，7頁。

29)　同上書，8頁。

30)　同上書，9頁。

31)　同上書，9-10頁。

32)　當間・倉方・当間（2013），13-31頁より，18-19頁。

33)　池田（2015），17-18頁。

34)　植物工場研究について，日本の第1人者である高辻氏は，コスト面からみた植物工場の研究を行っている。植物工場における1株当たりの生産コストについて，その植物工場にかかる1日当たりのコストが安いほど低減する。そして，植物の成長率が高いほど，コスト当たりの生産性が高まるから低減する。植物工場のコストは，電気代に依存しない部分（償却費，人件費，材料費，出荷費等）と電力に依存する部分（照明費，空調費など）との和である。そして，制御対象となるのは，照明費，空調費にかかる電力代で，照明費は，光強度と日長の積に比例する。空調費についても照明熱を除去するためにかかるため同様となるが，この場合の電力代は電力代金が安いほど，そして，さらに省エネになっているほど低減する。植物は基本的に光合成によって生育するため，光合成速度に比例する。光合成の光強度および日長依存性は，これらの関数としてあらわされる。その際のコスト低減のためには，当然，生産コストを最小にするような光強度と日長の組み合わせを求めることになるが，その最適な組み合わせが一般的に存在することが示されておりこの分析と検証が示されている。石田・吉田・松尾ほか（2015），297-306頁。

35)　栄養価を高める可能性は可能例えば，成人病における栄養の偏りの解消にも影響する。治療における薬物や補助食品のサプリメントのようなものも，日常の食生活の中から栄養を摂取することが良いとされることからすれば，植物工場で栄養価を調整された生産物を摂取することへと治療における変化も起こるかもしれない。

36)　古在（2010），6頁。

37)　経営学検定試験協議会監修，経営能力開発センター（2010），90-91頁。

38)　Ansoff（1965），翻訳書，96頁。

39)　野菜は，非常に利益率の意高い生産物である。ここであえて生産物としたのは，露地で栽培される農産物と植物工場で生産される農産物を分けて記すためである。

40)　亀川・青淵編（2009），10-11頁。

第6章

食料生産における主体の比較検討
—農業と植物工場—

　これまで食料生産における主たる担い手として，農業および植物工場について それぞれ検討してきた。この両者については，それぞれのメリットとしての 競争優位あるいはデメリットとしての課題を有する状況が窺える。そこで本章 では，農業と植物工場の両者において，イノベーションの視点から比較し検討 していくことにする。より詳細に述べてみれば，食料生産における主体と考え られる農業および植物工場の比較検討を行うことは，前章の小括の項でも既述 したように，食料生産において生産要素という側面からこれに伴って変化する 経営形態を検討することを意味している。この生産要素の結合形態が変化する 状況は，企業の経営形態が異なることを意味する。一般的に，生産主体として の農業は農事組合法人となり，植物工場は会社法人である。経営形態の相違は 資本結合方法の相違であり，その経営形態を変化させることになる。すなわち 経営形態を変化させることによって，第2章で検討してきたように，我が国の 食料生産における課題の数々を解決していく，より理想的な状況を描くことが できると考えられる。本章では，この点について検討していくことにする。

1. 生産要素の比較検討

　これまで日本における食料生産の状況は，農業（小農と農協による）そして 植物工場という経営形態について検討してきた。加えて，図4-4の右側の箇所 において位置づけられる植物工場について，さらに詳しく図示してみると図 6-1に示される通りである。

出所：筆者作成。

図 6-1　日本の食料生産の状況

　ここで図6-1を参照して，本研究の生産要素について検討してみることにしよう。生産要素は，これまで既述してきたように，土地，労働力，資本の3つであった。これらの3つの生産要素について，本節では，食料生産という観点から考察してみる。まず，農業についての生産要素は，繰り返しになるが，土地，労働，資本の3つが必要である。この点について，第4章においても問題の中心的なものとして，土地という生産要素の重要性が強調されてきた。ここで土地という生産要素については，本来的に存在し，増産が不可能で，破壊も不可能な自然の恵みがもたらす経済的影響であった[1]。初期の研究の多くは，土地の所有が持つ経済的意味についてのものであった。他の生産要素とは異なり，土地は総供給量が相対的に固定されており，より多くの需要により高い価格に対応して，供給量を増やすことができないような生産要素である[2]。

　第3章で検討したように，価格の上昇に供給量が適合せず固定されているという意味において，土地という生産要素は完全に非弾力的な生産要素である。このような状況下で供給が非弾力的で質の高い生産要素を保有している場合は，経済レント（economic-rent）を獲得することが可能である。ここで経済レントとは，一般的に，ある生産要素の投入を誘発するのに最低限必要な額を超えて，その生産要素を保有している者に対して支払われることを指す。土地という生産要素が，このような性質を持つために，農業がこの土地についてこだわりを持つことは理解できなくもない。

　そして農業分野の改革の1つの試みとして一般企業の農業分野への参入が認

められるようになった。農業分野に参入する一般企業についての生産要素は，実は，労働力と土地という生産要素を組み入れた資本という2つになることになる。但しこの場合，土地は既述した通り移動できる性質のものではない。そもそも地理的にどの地域に農地を求めるかについては，少なくとも自由度があると考えられる。これは所有ではなく契約という名の使用する権利が許されるものであり，ある意味でこれは土地という生産要素の弾力化がみられる。所与として，この記述の仕方に問題があるとするならば，厳密な条件すなわち農地を賃借したうえでの認められる参入となっていることから考えれば必然的に理解ができる。この農地はある意味で固定的であるが，どの地域において農業を営むか否かは固定化されていない。そのため農業のように土地が非弾力的な側面であるのに対して，一般企業の農業への参入においては，土地は弾力的な性質を持っている。したがって労働力と資本に組み入れられる形で一般企業が農業を営む土地を扱う必要がある。

　そして植物工場の生産要素についてはどうであろうかとの疑問を抱かざるを得ない。第1章「序論」の項でも既述したように，第1次産業から第3次産業までの生産要素を示したが，農業への一般企業の参入の場合と同様に労働力と資本（土地）という2つの生産要素で説明することが可能であるということになろう。これらの諸関係をわかりやすくまとめ，表に示してみると表6-1のようになる。

　この表6-1を参照してもらいたい。農業は第1次産業であり一般企業の農業への参入は，第2次もしくは第3次産業から第1次産業への参入に位置づけられる。そして植物工場は第2次産業に位置づけられる。ここで生産要素の結合形態を検討してみよう。

表6-1　生産要素の比較表

	土地	労働	資本
農業	○	○	○
一般企業の農業参入	△	○	○
植物工場	×	○	○

出所：筆者作成。

　まず第1次産業の生産要素は，土地，労働，資本の3点であった。そして第2次産業（もしくは第3次産業）の生産要素は，労働，資本（土地）の2点ということとなる。これらの点については，周知の通りである。このことは，まさに産業移動に伴って生じる生産要素の変化を示している。

2. 業界構造の変化に関する比較検討

　植物工場における生産要素の比較および検討は以上の通りである。労働力と資本（土地）という2つの生産要素に視点を合わせてみることで，第1次産業におけるイノベーションの可能性を見出し，これに伴って経営形態が変化する様相が描き出せるという構図が必然的にみえてくるのではなかろうか。

　例えば，需要の側に変化が起こった場合を検討してみる。すなわち第3章において検討してきたように，食料市場のグローバル化や天候や天災などの不測事態に対する課題の数々に対応する必要性が生じると，当然，食料の需要は高まりをみせるであろう。そこで供給者である農業そして植物工場は，この弾力的な問題に対してどの程度の許容性，すなわち適応可能性を持っているのであろうかという疑問が出てくる。この課題において需要の変化に伴って適応する体制づくりができるのだろうか。そこでイノベーションという概念が重要な意味を持つことになる。

　まずはポーターの指摘に注目してみる。製品のイノベーション，生産工程のイノベーション，マーケティングのイノベーションについて指摘しているので，ここで検討しておくことにする[3]。

　業界構造を変える第1の要因としてあげられるものは，製品（技術）のイノベーションである[4]。これには様々なタイプがあり，またその起源も様々である。製品におけるイノベーションはこの中でもとりわけ重要なタイプである。製品イノベーションは市場を拡大し，それによって業界の成長を促進し製品の差別化を行うことになる。さらに間接的な効率も期待できる。製品のイノベーションは，迅速な製品の発売とこれに伴う高価なマーケティング・コストを必要とする。そのためこれが移動障壁を生むことになる。イノベーションは，

マーケティングや流通あるいは生産面における新しい手法を必要とすると考え
られるが，これによって規模の経済性やその他の移動障壁にも変化が生じる。
製品そのものが大きく変化すると，買い手のこれまでの製品に対する購買活動
の経験がそれほど役に立たなくなる。このように購入行動にも影響をおよぼす
と考えられる。以上のように，製品イノベーションは，業界の中から生まれる
場合もあれば業界外からもたらされることもある。

　業界構造を変える第2の要因は生産工程のイノベーションである[5]。それは
生産工程あるいは生産方法におけるイノベーションである。イノベーションに
よって，生産工程の資本の集約度や規模の経済性が変化してくる。そしてこれ
に伴って固定費比率も変わってくると予想されるのである。さらには垂直統合
の度合いを強めたり弱めたりする。以上の変化は業界構造を変化させる働きを
する。また，国内の水準以上に規模の経済性を高めるようなイノベーション
は，その業界を国内の枠にとどまらずに，グローバル化させることもここで指
摘しておく必要がある。

　業界構造を変える第3の要因は，マーケティングのイノベーションであ
る[6]。製品イノベーションと同様にマーケティングにおけるイノベーション
も，需要の拡大につながると考えられる。そのため業界の構造に直接的な影響
を及ぼすことが考えられる。広告媒体を活用したり，新しいマーケティング・
テーマを採用したり，プロダクト・アウトおよびマーケット・インといった新
しい流通チャネルを設定するなど，マーケティングにおけるイノベーションを
通じて新しい顧客を獲得する可能性を模索することが可能となる。さらに製品
の差別化を強めていくためには，顧客の価格に対する敏感度を鈍化させること
も可能である。新しい流通チャネルの発見もまた，需要の拡大や製品差別化の
強化に役立つといえるのである。

　イノベーションによってマーケティングの効率がこれまで以上に高くなれ
ば，製品コストを引き下げることも期待できるであろう。さらに，マーケティ
ングと流通におけるイノベーションは，業界構造の他の要素にも影響を及ぼす
可能性がある。新しいマーケティングの手法が規模の経済性を増減させること
が原因で生まれることがある。したがってこれは移動障壁にも影響を与える。
ここで第4章で検討したように（表4-1を参照），上記の産業構造を変化させ

る要因をあてはめてみると図6-2のようになる。

　この図6-2を参照して欲しい。労働力と資本（土地）という2つの生産要素に着目をすることで，新たな側面がみえてくる。農業と植物工場の差異は，ビジネスとイノベーションに伴う着眼点から，製品のイノベーションと生産工程のイノベーションの箇所に見出すことができる。この製品に関する項目に着目をすれば，農業は農事組合法人であり，植物工場は会社法人ということとなる。したがって，経営形態の差異が明確になる。そして，農業は第1次産業であり，植物工場は第2次産業である。よって産業区分の差異という側面がおのずと明確になる。

　また，農業は小農で生産された食料が農協を通じて流通されるのが一般的なモデルであった。一方，植物工場は，生産された食料は国内外の一般市場へ求めることになろう。これは自由市場において，自らが顧客を探索しなくてはならないことを示している。この点は農業とは明確に異なりとても高いリスクとなる。このリスクは企業において一般的にみられるが，農業においても少なからずこのような変化やリスクが発生する。例えば，第4章において検討してきたブランド化やHACCPなどは，小農自体が競争力をつけ農協に頼ることなしに個々に市場で顧客を探索することになる。その場合，そしてグローバル市場において顧客を探索するのであれば，同様のリスクを背負うことになる[7]。

　以上，検討してきたように，農業は特定の出荷先（購入先）が確保されている状況の中でビジネスが展開されることになる。植物工場は一般市場においてビジネスを行うことになるために市場，もう少し具体的にいえば，購買者の選好にさらされリスクを背負うことになる。したがって，マーケティング上のイ

出所：筆者作成。

図6-2　ビジネスとイノベーションの比較対応表

ノベーションあるいは競争優位を策定し構築しやすいという利点を持っているといえよう。

3. 外部不経済の比較検討

　ここで農業および植物工場において，環境問題への志向性についてもまた検討していく必要がある。この環境問題はとりわけ市場の失敗として扱われており，経済学で問われる外部性の問題である[8]。市場が効率的な資源配分に失敗することがあるのだろうか。また，どのようにすれば国の政策が市場における外部を潜在的に改善しうるのだろうか。そして，さらにどのような種類の政策が最適に機能すると考えられるのだろうかなどといった疑問を持つことになるが，本節でもこれらの問題を検討しなければならない。この外部性の問題は，ある活動に従事する人が周囲の人の厚生に影響を与える。そしてその影響に対して補償を支払うことも受け取ることもないときに生じることになる。周囲の人に対する悪影響を負の外部性といい，好ましい影響をもたらすものは正の外部性といわれる。特に，農業あるいは植物工場の場合も同様であるが，ビジネスを営んでいくうえで，社会あるいは経済にとって，我われが不利益を被るような状況を生み出すことになるのであれば，当然，負の外部性となる[9]。農業も植物工場も同様に，産出された農産物について，例えば，農薬のトマトと無農薬のトマトのどちらを選好するかという問題[10]を含め，環境問題を加味して検討しなくてはならないのである。

　ここで社会および経済にとって不利益を被ることを検討する際に，社会的費用という概念について少し検討しておくことにする。ここでいう社会的が意味するものは，私的生産活動の結果，経済上被る有害な影響や損害であると規定される[11]。この社会的費用は様々な不経済とか危険や不安の増大という形態をとり，遠い将来にまで拡散しかねない。これらの不経済が社会的な費用となるのはまさに外部的なものなのである。そこで農業および植物工場のビジネスについて環境上の問題を検討していくことにする。

(1) 地球の温暖化

　さて，食料生産において多大なる影響を与える要因として，地球の温暖化について説明しておくことにしよう。基準を0度とするなら，これが5度上昇したとすると生態系や食料生産面において変化が生じる。農業は基準を0度に合わせて行っている。しかしながら，各年各期に安定して気温の変化が生じるのであれば，特に問題視することはない。経験に従って予測の可能性と対応が可能であるために，問題はそれほど大きくはない。ところが温暖化の影響を直接理解できる現象であるが，人間は時間的，空間的スケールがあまりにも大きい問題には無頓着になりやすく，100年かけて数度の気温上昇程度ならたいしたことはないと感じる人も多いのである（図6-3参照）。

　このように変化が急激ではないため，地球環境問題にはそれほど重く感じていない場合が多い。地球環境問題は，次の通り，様々な特徴があると指摘できる[12]。① 予兆が見られてから明確な被害発生までの時間が長い，② 原因物質の排出を削減しても改善効果が現れるまでの期間が長い，そして ③ 特定の国や地域の対策では不十分で世界的な協調が重要である，という3つの視点があ

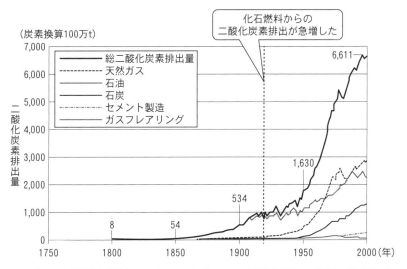

出所：日本環境教育学科編（2012），29頁，「図2-5　産業革命以降の二酸化炭素排出量の推移」を引用。

図6-3　産業革命以降の二酸化炭素排出量の推移

げられる。このように地球環境問題は，我々が実感としてわかない限りなかなか認識もせず，また解決しなければならない重要な問題として受け止めがたい問題なのである。

　さらに図6-4を参照してみよう。地球温暖化による影響については，実際にはどのように考えられているのだろうか。IPCC（2007年）によれば，地上気温の上昇によって考えられる影響を図6-4に示した。この図は，水，生態系，食料，沿岸域そして健康の分野に分けて整理したものである。1980～1999年の平均気温を基準にした場合の気温上昇量（横軸）を示している。このような影響を受けるのであれば，なおさら環境問題は，自然と密接に関わりがある農業にとって重要な問題となり，そして課題となる。一方，植物工場は，食料を

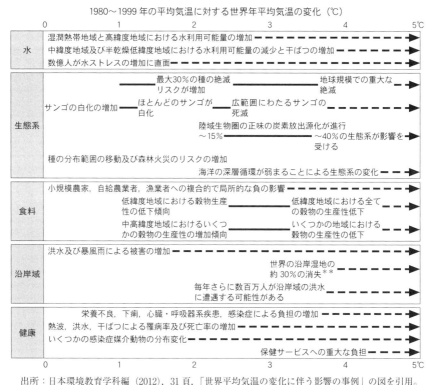

出所：日本環境教育学科編（2012），31頁，「世界平均気温の変化に伴う影響の事例」の図を引用。

図6-4　世界平均気温の変化に伴う影響の変化

施設内で生産する。そのため，このような気温や台風などの気候の変化に適応しやすい。これは競争優位として際立った特徴といえる。

⑵　フード・マイレージ

農業では土地という生産要素が非常に重要であった。しかしながら，この土地という生産要素に対する条件はそれだけではない。農産物の生産地と消費地の間の距離についても，環境問題に影響を与える重要なことである。

環境経営の視点から，我われの社会経済の活動に様々な面で環境問題に悪影響が生じる可能性が数多く指摘されている。わが国のみならず国際社会の中でも共通認識となっている環境適正基準，（例えば，「環境問題，異常気象，生態系への悪影響等」クールアース50，2007年5月）[13]の厳守は必須であるとする一方で，東日本大震災や原発事故あるいは自然災害などによって復興のための努力をしている現状にある。このような社会経済の成長にとって対立するジレンマが存在しており，経済の成長に対して克服すべき困難な課題となっている。しかしながら，技術の開発の進捗はとても目覚ましいものがあり，これを中核とした低炭素社会づくりを目指さなければならないことが容易に理解できるであろう。そこで植物工場への注目が高まり，同時にこの重要性がより深く認識される。

従来の農産物は，生産された地域から出荷され，トラック等による運搬（物流）を経て小売業へと流通されていくことになる。この過程の中で燃料が用いられ，同時に二酸化炭素等の排気ガスが排出される。この場合，燃料を用いることでコストが嵩むことになる。同時に，燃料を燃焼させることで排出されるガスは温室効果ガスであり，これを減少させる努力が世界各国で行われている状況にある。

そこで重要となるのがフード・マイレージという概念である[14]。この概念は，生産地から食卓までの距離が短い食料を食した方が，輸送に伴う環境への負荷が少ないという概念である。より具体的には，食料の輸送距離（1km）と食物輸入量（t）の積を用いて，地球環境への負荷を定量的に表したのがフード・マイレージである。このフード・マイレージの概念には，① カーボンミニマムの実現，② 簡素な暮らしへの志向，③ 自然との共生という3つの柱で

構成されている。日本は温室効果ガスの排出総量では，世界でも上位に位置し，国民1人当たりでも1位となっている。食料自給率の低さが他国からの食料輸入につながり，輸送距離が他国より著しく長いということが原因となっていることは明らかである。諸外国から長距離をかけて輸入することで，大量の食料を確保している日本の食料供給の姿を示している。

　生産地と消費地の距離が遠いことは何を意味しているのだろうか。単に食料を生産する農業と消費する食の距離が物理的に遠いだけではない。農産物の生産や加工あるいは流通の現場や過程の複雑さが消費者に見えにくいという問題がある。後述することになるが，現代では多国籍企業が，食料生産に必要な農機具，肥料や農薬，抗生物質，種子の供給から，生産物と消費を結ぶ加工，物流，販売までのフードシステムを統合し，世界中の人々の食生活を支配している。これらの生産部門が国境を越えて配置される。例えば，A国で生産されたものが，B国で加工，C国で包装されて，D国で販売されるというプロセスが起きている。こうしたシステムはブラックボックス化しているためビジネスの外部に位置する消費者からは見えにくいといえる。

　また，輸送コストが増えたことが生産の再編成を促進しており，これが参入障壁を変える働きをしている[15]。特に輸送コストは，食料生産における生産地と消費地の距離を検討しなければならない。これが遠いということは，むしろ参入障壁を変える働きをすると解釈すれば，ある意味でビジネスの機会という価値のあるものといえるであろう。しかしながら，図6-5に示したように，日本は，農業における生産地と消費地であるフード・マイレージが世界で一番であるとすれば，輸送時に発生するCO_2の排出量は必然的に多くならざるを得ない。このフード・マイレージの視点から考えれば，都市部あるいはその近郊で農業を営むことを推奨することは重要である。地方の地域において農業を営むのであれば，まさにこのフード・マイレージの距離が長くならざるを得ないからである。よって環境問題にとっては負の影響となることが指摘できる。

　一方，植物工場は工業製品のように顧客対応も可能である。そのため出荷先の距離が限定されることについては対応可能である。植物工場は，特定の立地条件すなわち，土地（農地）という生産要素を使用しない。そのため，大都会のビルの中，廃校，廃屋などを利用しての食料生産をすることが可能である。

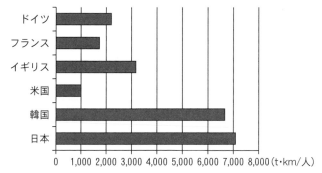

出所：日本環境教育学科編（2012），63頁，「図5-3　1人当たりのフード・
マイレージの国別比較」を引用。

図6-5　1人当たりのフード・マイレージの国別比較

供給先が安定しているのであれば購入先あるいは消費先の近隣で工場を稼働さ
せることが可能となる。そして工場内は，JIT（just in time：ジャスト・イ
ン・タイム）にみられるように，計画生産が可能であるため安定供給が可能と
なる。

　また，農と食の距離が近いことを表す言葉に地産地消がある。この概念は，
地元で生産された新鮮で旬のものを地元で消費するという意味で用いられてい
る概念である。地産地消を促進することで農家と消費者が互いの信頼や安心感
を育み，地元の農産物や加工品を購入しやすくし，農業を活性化する目的があ
る。しかしながら，これもまた，一般的に安定的，固定的な流通ルートではな
いといえる。そのため地元の消費者向けには適する概念であり，フード・マイ
レージとしても良いと思われる。しかしながら，都市部から産地へ出荷するこ
とになれば，これもまた環境上，負の経済性に影響をおよぼすことになる[16]。
これらの点はここで明記しておく必要がある。

⑶　**農薬の安全性**

　ところで，自然と密接に関わりがあるという点では，農業は非常に重要な問
題を抱えることになることに注目すべきである。

　農業が安定的に農作物の収穫を確保していくためには，現代の一般的な農法
において，農薬の使用を行わざるを得ない。とりわけ，水田の除草剤[17]とし

て29年間使われてきたクロルニトロフェン（CNP）に発がん性の疑いがもたれ，農林水産省は1994年3月，実質的な使用を中止した。新潟平野で胆嚢がんの発生率が全国で1番高いのは，水道水に高濃度のCNPが含まれているせいではないかと，新潟大学の医学部の研究グループが明らかにした。戦後の日本の農業は，目覚ましい生産力の向上と引き換えに，DDT，BHC等の有機塩素系殺虫剤とフェニル水銀など有機水銀を成分とする農薬によって土壌，水，作物の汚染を引き起こしてきた。田植え時の初期の除草剤として使用されたCNPには，副生産された不純物としてダイオキシン類が含まれていたのである。さらに人体への危険な影響が問題となり，これらの農薬は使用を段階的に禁止してきたのである。この他にも，農薬と同時に遺伝子組み換え作物（GMO：genetically modified organism）についての問題も指摘することができる[18]。農作物の種における発芽率や高品質の種の人工的な作成については，科学的検証の行われていないものあり，問題点を指摘されることが多いといえるが，21世紀の農業が直面する課題として，遺伝子組み換え作物について取り上げられている[19]。また，この遺伝子組み換え作物は，農薬とセットで作成されることが多い。それは効率的な農業として，農作物の育成とその他雑草の除去という関係を成立させるためには，遺伝子が組み換えられた種と農薬の使用が有効であるとされる。そして，これらを併せて使用することが前提である[20]。この点についても注意しておく必要がある。

　以上のことからもわかるように，農業の効率的な収量の確保を行う努力は，ややもするとこれも農業におけるイノベーションであると指摘を受けるかもしれない。しかしながら，我われの社会および経済に対して直接的かつ大きな被害を与える要因となっていることは避けられない現実なのである。

(4)　環境を前提にしたビジネス

　そこで食料の生産においては，これまで検討してきたような環境上の諸問題も含めて，持続可能なビジネスのあり方を検討しなければならない。本書では，対処療法と根本療法という2つの視点から検討していくことにする[21]。前者は個々の環境問題に対してそれぞれの対応策を見出し実行していこうというものであり，後者は環境問題を生み出した原点に立ち返って今日の社会や経

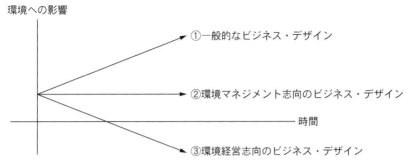

出所：宮坂・水野（2016年），103頁より，「図表10-3環境経営と環境マネジメント」より筆者作成。

図6-6　環境経営が目指す行動

済システムを見直して，人間と自然が永続的に共存できる社会システムを構築するものといえる。これを図に表せば，図6-6の通りである。

　この図6-6を参照してほしい。この図は① 一般的なビジネス・デザインとして，企業であろうと農業であろうとビジネスを経営していく過程でCO_2やごみなどの廃棄物が出ることを示している。そのため，時間とともに環境への影響が高まることを示している。現在，ISO14001が示す② 環境マネジメント志向のビジネス・デザインである。環境へ対処する行動をとるビジネスは，できる限り環境への悪影響となる負荷をかけないようにする行動が前提となる。それが③ 環境経営志向のビジネス・デザインである。例えば，環境マネジメントシステムの導入とその運用であるが，これを行っている企業は，エネルギーの使用も廃棄物も減少させることを認識しており，また環境に貢献する目的で，CO_2を吸収して酸素を生産する目的で植樹などを行うことが多い。目指すべき方向性としては，本来，③ 環境経営志向のビジネス・デザインのようなビジネスを営むことの重要性を指摘しなければならないといえる。

(5)　**食料生産における重要な経済性**

　土地（農地）という自然と密接に関係する農業にとっては，環境に負荷をかけない適応という概念が非常に重要なことである。農業は収量を向上させるためには耕作地を拡大させることを意図する。生産力の増強を図るのであれば，

農薬や化学肥料の投入および機械化などを行わなければならない。これでは自然に対して土壌汚染のような環境破壊につながり，環境負荷を荷重に与えてしまうことになる。むしろ化学肥料や農薬の使用を控える必要がある。同時に機械化することで，京都議定書やパリ条約にみられるように，温室効果ガスと呼ばれる代表格のCO_2の排出量を減らすことが義務づけられている現在の状況からすると，最適な食料生産の方法というわけにはいかなくなる。やはり農薬や化学肥料の使用は，土壌汚染，水質汚染，大気汚染あるいは農工作機械の使用による化石燃料の使用や廃棄されるCO_2の排出という環境問題を引き起こす可能性を多分に含んでいるからである。このように，農業はしばしば自然破壊の主因ともなる[22]と指摘されることもある通りである。

　一方，植物工場は屋内の施設で生産されるため，農業と比較すると，排出されるCO_2等を最低限に抑える努力をすれば，環境への負荷を少なくすることが可能である。よって，食料生産において，環境に負荷をかけないことを前提とし，計画的に安定生産し供給することを考えるならば，たとえ不測事態が生じたとしても適応可能なビジネスは，まさに植物工場ということになる。植物工場は，工場という屋内（施設内）で生産されることが特徴の第1であることは検討してきた通りである。環境問題を前提とした場合，ここにたいへん大きな利点がある。いうまでもなく植物工場は，屋内（施設内）という，外部と遮断される閉鎖されたシステムである。これは温度管理の必要性が生じるが，寒暖の差がある地域でも植物工場を設置し稼働させる条件となることが，まさにこれこそが重要な視点である。したがって，様々な地域で植物工場の設置および稼働が可能であることから，食品の購買が困難な地域，過疎化した地域等でも十分に機能すると考えられる。もちろん人口が密集した大都市部でもこの利点は活かすことが可能であるため，地域特性という条件はそれほど重要な要因とはいい難いのである。このような視点から，植物工場のシステムは地域活性化のための重要な視点としても位置づけられることが容易に理解できる。

　以上，検討してきたように，地球環境のみならず社会環境におよぶ広い範囲に経済的負荷をかけるようなビジネス・デザインは有効であるとはいいがたいのである。

4. 創造社会における食料生産のビジネス・デザイン

　これまで検討してきたように，第1次産業に位置づけられる農業は数々の問題や課題があり，なかなか解決が難しいことが理解できたであろう。それを補強する試みとして，農外企業と呼ばれる一般企業の農業参入を受け入れているが，それはあくまで土地（農地）という生産要素に帰着したものであることも理解できたであろう。しかしながら，食料生産における農業と同等の機能を有している植物工場のビジネスが登場すると，そこには生産要素の土地が資本に組み込まれることになる。もちろんこれに連動して経営形態が変化することになる。経営学におけるビジネスという側面から考えてみれば，我われ消費者にとって，安全で安定した食料供給や食料の品質が望ましく，なおかつ可能な限り農薬不使用の食料の方が健康面でも好ましいと考えられる。そして生産過程における土壌汚染のような自然環境に負荷を与える生産方法は，好ましいとはいえない状況である。ビジネスという視点で捉えると，植物工場は，新たな生産方法というイノベーションとして検討する余地がうまれてくる。そこで食料生産における新たなビジネス・デザインとして概念図を示してみた。それが図6-7である。

　この図6-7は，イノベーションの変革力マップを用い，農業に代替する機能を持つと考えられる生産主体として，植物工場を当てはめて検討してみた[23]。もちろん，ここでは農業か否かを議論することではない。あくまで創造社会におけるビジネス・デザインとして，第1次産業に位置づけられる農業の増強を図りつつ，食料の安定した生産を確保する考え方を示すことが目的である。

　この図6-7に示すベクトルを見てみるとよくわかるであろう。第1次産業に位置づけられる農業に数々の問題や課題が見受けられる。一方で，農業に代替する機能を有する第2次産業に位置づけられる植物工場のビジネスが存在する。創造社会における食料生産の問題解決のデザインとなると考えられるであろう。食料生産についてビジネスの視点で捉えてみれば，農業と植物工場には，各々の生産の過程で優位となる得意分野がある。これを受容しラーニング

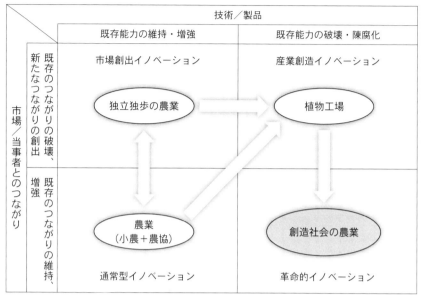

出所：田中（2019），40頁の図表2-4をもとに筆者加筆。

図6-7　創造社会における食料生産のあり方

（学習）することで，食料生産における問題解決もしくは課題の克服をデザインすることになるといえよう。まさに第1次産業と第2次産業という産業を跨ぐ，いわば産業間イノベーションのビジネス・デザインである。

5.　小　　括

　本章では，これまで農業と植物工場の競争優位（メリット）と課題（デメリット）を背景に，この2者間の比較検討を行ってきた。食料生産において問題点や課題が数多く抱える農業については，農業を推進することの重要性を否定するわけではないが，生産方法を再検討する必要性から，植物工場のビジネスの有用性を検討することが重要な視点となる。

　生産要素という側面から比較し検討すると，農業は土地，労働力，資本という3つからなり，植物工場は土地を組み入れられた資本と労働者という2つか

ら指摘することができる。この生産要素の結合形態は，農業が農事組合法人として，そして植物工場が会社法人として，経営形態に差異が生じることになる。このように生産要素の変化そして経営形態の変化と捉えると，ビジネスのという視点が俎上にのぼる。さらにビジネスという視点から検討することで，新たな生産方法の模索というイノベーションに辿り着くことになり，このことが本研究の1つ目の帰結である。そして農業と植物工場においては，生産要素の結合の差異の結果，ビジネスを営む上でのイノベーションの可能性，すなわちビジネスの経営環境の適応性にも影響を与えることになる。この点は食料生産として，これまで主体であった農業にとって，数々の問題点や課題が指摘されてきたが，これらに適応していく可能性こそ，経営形態の差異に求められる重要な側面なのである。そして本研究の2つ目の帰結として忘れてはならないのが，ビジネスを営む上で，社会および経済にとって不利益を受ける負の外部性についても考察を行ってきた。これは，ビジネスそのものの存在意義に関わる問題ともなる。このような問題解決と課題の克服のためにも，ビジネス視点から食料生産における問題解決をデザインすることが重要であろう。創造社会において第1次産業と第2次産業という産業間イノベーションの考え方を提示したのである。

　では，農業の新しい生産方法として着目してきた植物工場ビジネスは，農業の生産機能の代替性を備えているのであろうかという疑問がおこるであろう。この点について次章以降で検討する。植物工場を実際に経営している実証分析として，第7章では植物工場についてのアンケート調査を検討する。次いで，第8章では植物工場に対してインタビュー調査を行い，農業の代替的機能の可否について確認していくことにする。

注
1）　亀川（2015），35頁。
2）　Barney（2002），翻訳書，238頁。
3）　Poter（1980），翻訳書（1982）。
4）　同上翻訳書，241-242頁。
5）　同上翻訳書，242-243頁。
6）　同上翻訳書，243-244頁。
7）　農業というシステム（小農＋農協という構造）の中で農業を経営している場合は，国内外の市場への流通プロセスにおける販路の開拓などを行う必要がなかった。しかしながら，農業システ

ムから外れることは確かに多大なるリスクを背負うことになる。このリスクは，当然，利潤の追求のためにやっている行為である。これは，静岡県磐田市に位置する太田農場へのインタビューの中から明らかになったことである（2018年8月16日）が，この太田農場は，1998年以前から販路開拓の準備を開始し，農業システムから脱退することを試みた。そこから有限会社として法人化し農業を開始した。重要なことは，法人化した理由が収入の増加を試みることが目的であったと代表取締役の太田剛氏は語っている。『太田農場』（閲覧日：2018年10月29日）。

8）　マンキュー，足立・石川・小川ほか訳（2005），274頁。

9）　この点についての対処法は，コースの定理（Coase theorem）に基づく。民間の当事者たちが資源の配分について交渉する際，費用がかからないのであれば，外部性の問題は常に民間市場で解決され，資源は効率的に配分されるというものである。Coase（1988），翻訳書，179-211頁。

10）　西村・室田（1990），45-48頁。

11）　Kapp（1975），翻訳書，89頁。

12）　岡本編，當間ほか（2013），7頁。

13）　「クールアース50」については，環境省において示されているため，ホームページを参照されたい。「クールアース50」（閲覧日：2014年9月13日）なお，これを実現する手段として，①ポスト京都フレームワーク，②国際環境協力，③イノベーションを3つの柱とする「クールアース推進構想」についても言及されている。特に，CO_2をはじめとする温室効果ガスの排出量を削減することについて，植物工場についての有用性について，食料生産と供給に注目してしまうと忘れがちである。とりわけ，③のイノベーションについては，植物工場の重要な視点でもある。次の文献を引用した。當間（2016），5-6頁。

14）　フード・マイレージの資料については，中田哲也「フード・マイレージについて」（閲覧日：2014年2月12日）を参照。この資料の「輸入食料に係るフード・マイレージの比較（品目別）」6頁を参照すれば，日本は輸入食料に係るフード・マイレージの比較（品目別）において，総計で2位の韓国より3倍も多く，世界で第1位となっている。

15）　Poter（1980），翻訳書，241頁。

16）　中平・薮田編（2017）。

17）　原（2001），50-52頁

18）　農業やもう1点忘れてならないのは，遺伝子組み換え作物（GMO）である。GMOとは，生物の遺伝子を人工的に操作するバイオテクノロジー，すなわち遺伝子組み換え技術によって品種改良された作物のことをいう。世界最大手のバイオメジャーであるモンサント社は，1996年に，除草剤耐性（除草剤に耐性をもち，除草剤をまいてもその品種の作物は枯れない）および害虫抵抗性（害虫に毒性のあるたんぱく質を作物内につくり，害虫の加害による損失を減らす）をもったGMOを商品化した。その後，世界中でダイズ，トウモロコシ，ワタなどの栽培面積は拡大し続け，それに伴い生産者も増加している。一方で，バイオテクノロジーとその作物の食料化には問題があるという指摘がある。バイオテクノロジーは生命の設計図である遺伝子を人の手で操作し，自然界では起こりえない現象を人為的に発生させることであるが，これは倫理的に許されることではないという意見がある。遺伝子操作された作物そのものにはどのような影響があるのか，そのほかに生態系への影響，GMOを食べた場合の人の健康への影響など科学的に明らかになっていないことがあり，安全性は確実とはいえないと主張する科学者もいる。参照は，日本環境教育学科編（2012），68頁。

19）　参考となる文献は数多く出版されている。ここでとてもわかりやすく農業との関係で書かれた著書を紹介しておこう。椎名・石崎・内田・茅野（2015）。

20）　エコロジスト編，安田監訳，日本消費者連盟訳（2012）。

21）　日本環境教育学会編（2012），23-25頁。

22)　原（2001），66頁。

23)　筆者は，既にこの点について次の文献で記述を行っているので，詳細は次の文献を参考にされたい。亀川・粟屋・(2020) 第 9 章「第 1 次産業のイノベーションと戦略的意義」101-111 頁。

第7章

植物工場の現状と実態 1
―アンケート調査に基づいて―

　前章では，食料生産における農業と植物工場についてビジネスという視点から考察した。食料生産における問題の解決や課題を克服し，同時に社会および経済にとって不利益を被らない状態を考察してきたのである。これは，ある意味で理想となる食料生産の状況を示ししてきたといえる。そこで本章では，前章まで検討されてきた植物工場そのものが食料生産を賄うだけの機能，すなわち農業と同等の機能を持つかという課題について，現状と実態を把握するために行ったアンケート調査に基づいて検討していくことにする[1]。

1. 調査結果

(1) 調査対象企業

　まず，本研究における調査対象企業に関して述べていくことにしよう。日本における植物工場の数は 100 社前後で推移しているようである。本研究において調査対象となった企業および法人は次に掲げる 2 点の資料より選定した。まず第 1 点目が，スーパーホルトプロジェクト協議会による「全国実態調査・優良事例調査報告書」が株式会社三菱総合研究所によって報告書が作成されている[2]。この報告書において日本における植物工場ビジネスを経営している企業および法人が掲載してある。この資料に基づいて調査対象となる企業および法人を選定した。そして第 2 点目が，農林水産省と経済産業省の合同で行われた事例集「植物工場の事例集」が経済産業省によって作成されている[3]。この報告書において，日本における植物工場ビジネスを経営している法人が掲載して

ある。この資料に基づいて，調査対象となる法人を選定した。

　本研究では，以上の2つの資料に基づいて，アンケート調査の対象となる企業および法人，合計で100社を選定した。

(2)　調査期間

調査は，2013年2月から3月末日までの期間実施した。

(3)　回収率

　アンケート調査の全体の回答率は，宛先不明でアンケート調査不可能であった場合や出資母体や経営母体が同一であり，回答が絞られた場合もあった。そのため最終的に87社が調査対象となり，回答データが回収できた企業は合計で33件となった。したがって，アンケートの回収率は37.9％であった[4]。

2.　植物工場に関するアンケート調査—基本編—

　この植物工場についてのアンケート調査は，大項目が基本編，植物工場へ着手した戦略的背景，植物工場の実際（現状），植物工場に対する将来の期待と展望，その他の5項目で構成され，小項目は42項目の構成となっている[5]。近年，注目を浴びている植物工場ではあるが，将来の産業創造への期待感も高まりをみせる一方で様々に問題を抱えていることも事実である。今回のアンケート調査によって植物工場の実態に迫り，その課題の整理と今後の発展に向けた取り組みについて検討していくことにする。

(1)　工場の生産規模

　まず，植物工場の生産を行う規模についてまとめることにする。1日当たりの生産数量または出荷数量を基本としてアンケートを行うに至った。ただし，単位は株あるいは個ということになる。植物工場において生産され，また回転率（稼働）の面から考えると葉物野菜類が中心と予想される[6]。

　まずは図7-1を参考に顕著な傾向をみていくことにしよう。生産規模として

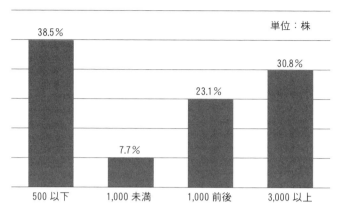

出所：当間（2014），64 頁，「図 1-1　植物工場の規模」をもとに加筆修正。

図 7-1　植物工場の規模

は，第 1 位が **500 株以下**，次いで第 2 位が **3,000 株以上**となっていた。第 3 位が **1,000 株前後**，第 4 位が **1,000 株未満**となっていた。この図 7-1 を見る限り，植物工場の生産規模は工場として成り立っている規模であるかどうかが一目でわかる。**500 以下**のところは経営として成り立つよりは，現在が試験的であるがこれから稼働率を上げていく企業であると考えられる。あるいはむしろこちらの方が多いのかもしれないが，研究開発に注力しコンサルティングに従事している企業ということもできる。

(2)　**植物工場に従事する従業員の人数**

　ここでは植物工場における労働についてまとめることにする。植物工場のビジネスが創造されれば，雇用が増加する可能性があるという期待感は非常に高いという意見がたびたびいわれている。もちろん新たな産業が創造されれば，当然，そのビジネスを担う人が必要となろう。そこで本研究では，実際に植物工場においてどのような形態で人員を雇用しているのかについての調査を行うことにした。

　調査の結果を図 7-2 に示した。この図 7-2 を参考にまずは顕著な傾向を見ていくことにしよう。第 1 位が **5 人未満**であり，7 割以上の企業が該当していた。このことから正社員数は非常に少ないことがわかる。次いで，第 2 位に **10 人**

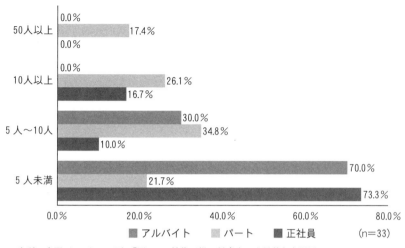

出所：当間 (2014), 65 頁,「図 1-2　植物工場に従事する人員数」を引用。

図 7-2　植物工場に従事する人員数

以上であった。第 3 位が 5 人〜10 人で 1 割であった。50 人以上の正社員を雇用している企業はなかったのである。次に，パートであるが，第 1 位が 5 人〜10 人，第 2 位が 10 人以上，第 3 位が 5 人未満，第 4 位が 50 人以上となっていた。そしてアルバイトであるが，第 1 位が 5 人未満，第 2 位が 5 人〜10 人，第 3 位が 10 人以上，50 人以上についての回答はなかったのである。

　以上の回答結果から示されることは，植物工場の経営を行う場合，数名の社員を雇用し，工場の稼働については定期的に稼働できるパート形態であることが主な雇用形態であることが顕著に示された。しかしながら，新たな正社員を増加させる傾向を示してはいない。第 1 章「序論」でも指摘したように ICT の活用は，新産業分野では，新たな雇用をそれほど多くは必要としないことが本調査で明らかとなった。植物工場のビジネスをはじめ，ICT を活用する新産業および新たなビジネス・モデルは多くの人材を必要としないといえる。

(3)　植物工場を設立する資金調達
　ここでは植物工場のビジネスを行う際の資金調達とその資金調達先についてまとめることにする。この 2 点についてアンケートを行い，その結果を図

7-3-1 および図 7-3-2 に示すことにする。

① 植物工場の投資―自前編―

図 7-3-1 を参考に，まずは顕著な傾向を見ていくことにしよう。第 1 位が自己資金は無し，同位で **1/2 以上**，第 3 位が**全部**，第 4 位が **1/10 未満**であった。

② 植物工場の投資について―借入編―

図 7-3-2 を参考に，まずは顕著な傾向を見ていくことにしよう。第 1 位が金

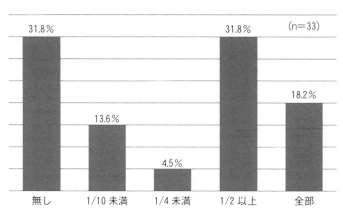

出所：当間（2014），66 頁，「図 1-3-1　植物工場設立資金の比率」を引用。

図 7-3-1　植物工場設立資金の比率

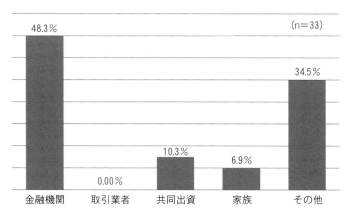

出所：当間（2014），66 頁，「図 1-3-2　植物工場の設立資金の調達先」を引用。

図 7-3-2　植物工場の設立資金の調達先

融機関，第2位がその他，第3位が共同出資，第4位が家族という順である
が，取引業者からの借り入れはなかった。

③ 植物工場の投資についてのまとめ

　以上，図7-3-1と図7-3-2を参考に，資金調達の借り入れについては，全額
自己資金で賄っている企業は全体で18.2%であった。その他の企業はほぼ借
入を行っている状況にある。その際の借入先については，**金融機関**からが
48.3%と圧倒的に多いが，**その他**も34.5%と数多く見受けられる。このその他
は農林水産省や経済産業省などの支援や助成を獲得し，資金調達をしているこ
とが理由としてあげられる。この2つの省が支援を行っていることからも，植
物工場について将来期待される産業であることを物語っている[7]。しかしなが
ら，生産物については，農産物とは異なる工業生産物としての扱いとなってい
る。そのため農業は農産物という位置づけであり，農業であれば農協からの借
り入れが主なものとなる。ところが植物工場は，農協からの借り入れがほとん
どなかった点がこの調査からわかった。この点は前章で考察した通り，農業は
農産物であり，工業は生産物であるという，経営形態の差異を示すものと捉え
ることができる。

⑷　植物工場の企業形態

　ビジネスを営む際には様々な企業形態が考えられる。植物工場の経営につい
てはどのような企業形態が多いのであろうか。ここではこの点について調査結
果をまとめ図7-4に示すことにしよう。

　図7-4を参考にまずは顕著な傾向を見ていくことにしよう。第1位が**株式会
社**で86.7%と圧倒的に多く，第2位が**組合・法人**であった。また，**合名・合資
会社**および**個人事業**についての回答はなかった。

　株式会社は，会社法が施行されて以降，設立も以前と比べて簡便になり，社
会的に信用が得られやすい企業の形態であることが一番の理由となる。また，
設立母体が農事**組合法人**などである企業が第2位の結果となっていた。この点
については農業を営む傍ら，別のビジネスを併設することで経営の安定を図ろ
うとすることが窺えよう。このことは後述することになるが，多角化戦略と考
えて良いであろう。また，本研究の論点であるが，企業の形態として食料生産

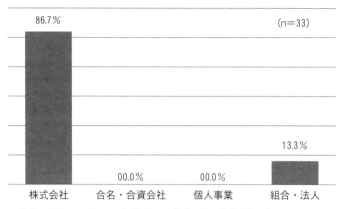

出所：当間（2014），67 頁，「図1-4 植物工場の企業形態」を引用。

図 7-4 植物工場の企業形態

の経営形態を示す結果でもある。

(5) 植物工場へ着手する母体の事業形態

　ここでは植物工場へ着手する際にその母体の事業形態についてまとめることにしよう。アンケート調査の結果を図7-5にまとめることにする。

　図7-5を参考にまずは顕著な傾向を見ていくことにしよう。植物工場のビジネスへ着手する際には，第1位が35.5％で**農業関係**，第2位が29.0％で**食品関係**が全体の7割近くを占めている。ことからもわかるように植物工場のビジネスは多角化の度合いが進行していることを示している。具体的には，農産物として扱う**農業関係**の企業は，植物工場の生産物について種苗や育成，出荷先などの取り扱うものが同類であることが多いことから，多角化しやすいことを意味している。また，食品関係は垂直統合の流れから必要不可欠なビジネスであり，着手しやすいビジネスであるということができ，関連多角化となる。また，その他を除外すると，第3位が6.5％で**建設関係と新規着手（ベンチャー）**，第4位が3.2％で**流通関係と電気・設備関係**であった。**建設関係**は，工場の設立などのノウハウから，また**電気・設備関係**は工場内で使用するLEDや空調あるいは制御装置等から，施設・設備産業から多角化しやすいビジネスであるといえる。以上のことから植物工場ビジネスへの多角化は関連多角化であると

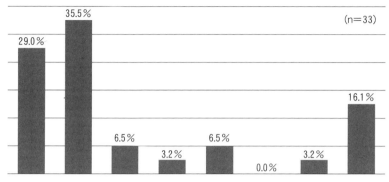

出所：当間（2014），67頁，「図1-5　植物工場への着手母体の企業形態」を引用。

図7-5　植物工場への着手母体の企業形態

いうことができる。

3. 植物工場へ着手した戦略的背景

　ここでは植物工場へ着手した戦略的背景についてまとめることにしよう。新たなビジネス分野へ進出するということは経営の多角化戦略[8]を行うことであった。この点について，その結果をまとめると表7-1の通りである。

　まずは表7-1を参考に質問内容ごとに顕著な傾向を示した項目から述べていくことにする。8割以上がはいと回答し，非常に高い値を示した項目は，**3. 植物工場は将来性のあるビジネスである。4. 植物工場の取引先は，業務用へのビジネスが期待できる，5. 植物工場の取引先は，市販用へのビジネスが望める，6. 植物工場は，発展途上のビジネスである，8. 植物工場の経営には，未だに参入障壁や抵抗感がある，9. 植物工場は，今後なくならないビジネスになりそうだ，**の順番であった。

　また，いいえと回答した**2. 既存人員の活用のために植物工場の経営へ着手した，**は8割以上であった。植物工場もビジネスである限り生産・販売に重点

表7-1　植物工場へ着手した戦略的背景

No.	質問内容	回答	割合
1	収益性を考えて植物工場の経営に着手した	はい	64.3%
		いいえ	35.7%
2	既存人員の活用のために植物工場の経営へ着手した	はい	13.3%
		いいえ	86.7%
3	植物工場は将来性のあるビジネスである	はい	84.4%
		いいえ	15.6%
4	植物工場の取引先は，業務用へのビジネスが期待できる	はい	83.9%
		いいえ	16.1%
5	植物工場の取引先は，市販用へのビジネスが望める	はい	86.7%
		いいえ	13.3%
6	植物工場は，発展途上のビジネスである	はい	96.7%
		いいえ	3.3%
7	植物工場の経営は，環境ビジネスである	はい	63.3%
		いいえ	36.7%
8	植物工場の経営には，未だに参入障壁や抵抗感がある	はい	86.2%
		いいえ	13.8%
9	植物工場は，今後なくならないビジネスになりそうだ	はい	70.0%
		いいえ	30.0%
10	植物工場は，食料問題を解決するものになりそうだ	はい	53.6%
		いいえ	46.4%

(N=33)

出所：当間（2014），68頁，「表2-1　植物工場へ着手した戦略的背景」にもとづいて加筆修正。

　が置かれていることは確かであり，単に既存のビジネスの人員削減をしない代わりに植物工場のビジネスへ着手したわけではないようである。販路の開拓は，業務用でも市販用でも期待でき，発展途上にある長く続きそうなビジネスであると考えている。この点は多角化によるメリットを享受することを意味しているといえよう。次いで，あまり顕著な差を示さなかったものは，**10. 植物工場は，食料問題を解決するものになりそうだ**の1項目であった。これは顕著な差が見られなかったところに重要な意味がある。以上の点から，植物工場

は，市場の状態よりも，まだ植物工場の稼働それ自体が安定していないことが推察できる。植物工場のビジネスのメリットを生かせば，国内需要も海外需要も期待できるし，天候などの影響を受けにくいといえるが，農業に対する保護政策や TPP 問題などの枠組み次第では，植物工場の理解と関心について，大きく視点が変わるものと考えられる。

4. 植物工場に関するアンケート調査―植物工場の実際（現状）―

　ここでは植物工場のビジネスを営んでいる状況の中では，様々な問題や課題が発生すると考えられる。この点についてアンケート調査の結果をまとめると表 7-2 の通りである。

　まずは，表 7-2 を参考に，顕著な傾向を示した項目を見ていくことにしよう。8 割以上がはいと回答している項目は，**5. 植物工場は，家庭規模でも技術的には可能である**と **9. 植物工場は，社会的に必要なものである**の 2 項目であった。これらは，植物工場そのものが社会的に見て非常に重要な機能として捉えられていることを意味している。収入を除外すれば，家庭規模でも技術的には可能であることを示している。また，農薬の多投や天候の影響を受けにくいといった社会的に有用であることを物語っていることとなる。一方，**いいえ**と回答した割合が多かったものは，**2. 作物は土壌から作られるのであって，植物工場の生産物はあくまで亜流である**であった。この項目から，植物工場で生産されるものは農業の生産物（農産物）と別個のものとは考えておらず，むしろ同一的な扱いをしていると解釈できる [9]。

　さらに，顕著に差が出ない項目もここであげておくことにする。はいの割合がやや多かった **4. 植物工場は，被災地や雪国に適するビジネスといえる**は，むしろ場所を選ばないという解釈の方が正しいのかもしれないと推測される。一方，いいえの割合が多かった **2. 作物は土壌から作られるのであって，植物工場の生産物はあくまで亜流である**は，生産効率（回転率）を考えれば，プログラムで制御する ICT の利用よって成立するビジネスであり，同時に自ずと生産する植物（野菜等）の特定は決まってくると解釈ができる。

表 7-2　植物工場の現状

No.	質問内容	回答	割合
1	植物工場の経営は，生産と販売を考えなければとても面白いビジネスだ	はい	64.5%
		いいえ	35.5%
2	作物は土壌から作られるのであって，植物工場の生産物はあくまで亜流である	はい	6.7%
		いいえ	93.3%
3	植物工場の経営は，工場規模でないと採算性が難しい	はい	67.7%
		いいえ	32.3%
4	植物工場は，被災地や雪国に適するビジネスといえる	はい	56.3%
		いいえ	43.8%
5	植物工場は，家庭規模でも技術的には可能である	はい	80.0%
		いいえ	20.0%
6	植物工場は，あくまで農業の延長である	はい	67.7%
		いいえ	32.3%
7	植物工場は，農業とは全く別物である	はい	22.6%
		いいえ	77.4%
8	植物工場は，農業の IT 化といえる	はい	67.7%
		いいえ	32.3%
9	植物工場は，社会的に必要なものである	はい	80.0%
		いいえ	20.0%

(N=33)

出所：当間（2014），70 頁，「表 2-1　植物工場の現状」にもとづいて加筆修正。

5.　植物工場に対する将来の期待と展望

　上記からは植物工場のビジネスを実際に経営している状況の中では，様々な期待と展望が見受けられると考えられよう。この点についてアンケート調査の結果をまとめると表 7-3 の通りである。

　まずは，表 7-3 を参考に植物工場に対する将来の期待と展望についてのアンケートの質問内容ごとに顕著な傾向を示した項目から見ていくことにしよう。

　はいと回答した上位 3 位の項目をあげると，**4. 植物工場は，異業種参入が**

表7-3　植物工場に対する将来の期待と展望

No.	質問内容	回答	割合
1	植物工場のコストは，あと数年すれば安くなる	はい	56.7%
		いいえ	43.3%
2	植物工場の経営は，シルバー人材やハンデキャップの人にも労働は可能である	はい	83.9%
		いいえ	16.1%
3	植物工場の経営上，今後は，果実（花卉）の生産も考えている	はい	40.0%
		いいえ	60.0%
4	植物工場は，異業種参入が可能である	はい	93.3%
		いいえ	6.7%
5	植物工場の経営は，収益性が確実に上がっていくと考えられる	はい	37.9%
		いいえ	62.1%
6	植物工場の生産物は，地域ごとの食料政策に役立ちそうだ	はい	66.7%
		いいえ	33.3%
7	植物工場の経営上，将来は穀物栽培も考えている	はい	12.9%
		いいえ	87.1%
8	植物工場のシステム販売やコンサルティングのビジネスも考えている	はい	50.0%
		いいえ	50.0%

(N=33)

出所：当間（2014），71頁，「表4-1　植物工場に対する将来の期待と展望」にもとづいて加筆修正。

可能であるが93.3％，2. **植物工場の経営は，シルバー人材やハンデキャップの人にも労働は可能である**が83.9％，6. **植物工場の生産物は，地域ごとの食料政策に役立ちそうだ**が66.7％であった。反対に，いいえと回答した上位の項目は，7. **植物工場の経営上，将来は穀物栽培も考えている**が87.1％であった。また，期待と展望にそれほど大きく顕著な差がないものについては次の通りであった。8. **植物工場のシステム販売やコンサルティングのビジネスも考えている**，1. **植物工場のコストは，あと数年すれば安くなる**であった。

　重要なことでもあるが，5. **植物工場の経営は，収益性が確実に上がっていくと考えられる**と回答した企業は，いいえ（62.1％）と回答した企業の方が多かった。この結果は，植物工場はビジネスとして成立させることがそれ程簡単ではないことを示している。この結果は，植物工場そのものに，現時点では顕

著な傾向を示せるだけの根拠がないことを示しているといえよう。

6. 小　　括

　以上，植物工場ビジネスのアンケート調査に基づいて，個々にそのまとめを記してきた。ここで本章全体のまとめとして，図7-6のように示した。

　図7-6を参照して欲しい。この図7-6にまとめられた植物工場のビジネスの特徴は第5章で考察したように，業販用も市販用期待できるとの回答は，まさに川下から川上までの垂直統合のプロセスを意味している。社会的な機能として雇用の創造や将来性のあるという回答は，今後の製造過程のイノベーションとしても重要な意味を持つのである。まさにシュンペーターのいう，「新しい生産方法の導入」を意味している。もっとも重要なことであるが，植物工場の生産物は農産物という回答は，植物工場がビジネスとして営むビジネスはやはり農産物ということができる。**発展途上で長く続きそうなビジネス，植物工場は社会的に重要な機能**は，農業で問題となる農薬をそれほど利用していないことや天候にそれほど影響を受けないために，安全な食材が安定生産，安定供給などの問題解決を示すものであろう。**シルバー人材やハンデキャップ人材も労**

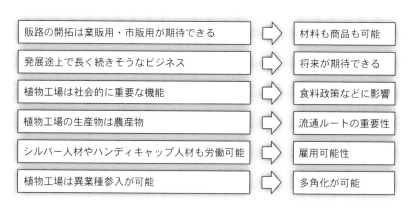

出所：筆者作成。

図7-6　アンケート調査に基づく植物工場の特徴

働可能は，雇用面における少子高齢化に対応するビジネス・モデルであり，**植物工場は異業種参入が可能**は，開かれたビジネスであり，関連する他の設備・資材産業からの参入が可能であるがゆえに，食料生産ビジネスにおけるイノベーション上の新たなビジネスの領域であると考えられる。

注
1）　植物工場のアンケート調査については，次の文献で記述しているのでそこからの引用となる。参照されたい。当間（2014），63-77頁。
2）　「全国実態調査・優良事例調査報告書―㈱三菱総合研究所―」（閲覧日：2013年11月18日）。
3）　農林水産省と経済産業省の合同で行われた事例集「植物工場の事例集」（閲覧日：2013年11月17日）。
4）　回収率は33社/87社×100＝37.9%である。
5）　本研究の調査では，「植物工場」という概念に対し，統一的見解のもとでアンケート調査を行うことが困難になると予想される。例えば，野菜工場等をはじめ，様々に呼び名が異なる場合も考えられよう。そのため施設屋内で太陽光または人工光あるいはこれらを併用して，野菜や花卉などの植物を（水耕栽培によって）育成するビジネスという非常に幅広い意味で捉えている。
6）　中にはトマトのような個数表示のところもあった。出荷できる単位を考えるとき，株という単位を記すこととした。
7）　経済産業省および農林水産省では，平成21年（2009年）1月に「農商工連携研究会」の下で植物工場ワーキング・グループを設置し支援している。ここでは，今後3年間で全国の植物工場を3倍に拡大し，生産コストを3割削減する目標を設定している。「農商工連携」（閲覧日：2013年11月19日。）
8）　多角化戦略をとる場合，企業は単一事業のみに事業を依存させるだけではなく，複数の事業を展開させることによってその危険性を回避しようとする。このことは，いわゆるリスクの分散が行われていることを検討する必要がある。参考文献は，経営学検定試験協議会監修，経営能力開発センター（2010），p.89参照である。また，多角化する理由については，主力製品の需要停滞，収益の安定化，危険の分散化，既存事業の業績悪化などが挙げられる。植物工場への着手は，まさに多角化が行われていることを意味している。多角化戦略についての代表的な参考文献は，Ansoff（1965），翻訳書（1969）である。
9）　本章では，植物工場の生産物は農産物と記していない理由がある。それは，農業における生産物は「農産物」という用語を用いている。しかしながら，植物工場における生産物についての定義が確立していないため，敢えて農産物と同一のものであったとしても生産物と表記することとした。

第8章

植物工場の現状と実態 2

―インタビュー調査に基づいて―

　前章では，食料生産における農業と植物工場のビジネスについてアンケート調査の結果を考察してきた。食料生産にとって，問題の解決や課題を克服し，なおかつ社会および経済にとって不利益を被らない状態を生産要素とこれに伴う経営形態の変化を考察しながら，ある意味で理想となる食料生産の状況を考察してきた。そこで本研究では，前章に引き続き植物工場そのものが食料生産を賄うだけの，すなわち農業と同等の機能を持つのであるかという視点から検討していくことにする。植物工場のビジネス化は，まさに社会にとって必要なビジネスであることは否定ができないであろう。植物工場の現状と実態を把握するためにも，インタビュー調査を行った。そして，その結果について本章では検討していくことにする[1]。

1. 植物工場のビジネス化についての調査

　調査対象となる企業および法人は，前章においてアンケート調査において回答が得られた中から有力な企業および法人を選定してインタビュー調査[2]を4社において行った。本節ではこの結果について述べていきたい。

(1) M社の事例

　M社は，所在地が愛知県弥富市に位置する会社である。もともとは農業を営んでいる傍ら，農業の農を脳として置き換え，新たな発想の下で，農業と併設して植物工場を営んできた経緯がある。植物工場は1970年代から手掛けてお

り，植物工場ビジネスの老舗ということができる。このM社についての調査の概要としては次の通りである³⁾。社員 20 名（農場は社員 1 人・パート 3 人の作業員，工場は社員 1 人で作業している）である。農場 1,500m² （パート 5 人の作業員）の植物工場では，種まき・収穫 1 日 2kg 程度の収穫である。面積（広さ）は，3 間×3 間程度である。植物工場の生産物の売価は，路地栽培と比べて 2 倍程度となっている。種（たね）は，一般に市販されているもので対応可能であり，スポンジの上に種を蒔くこととしている。収穫はレタスで約 45日間かかり，毎日栽培し毎日収穫する生産計画を立てている。現段階では，LED は蛍光灯に比べ照明器具が数多く必要となり，電気代などのコストが非常に高いという。

　水道水はカルキ（塩素）抜きをして栽培用水とする。図 8-1 の施設において，植物の種苗ベッド（30cm×60cm・90cm・120cm）が備えてある。コーティング種子を入れて育苗する。薄めの肥料を入れ，水を循環させて動かしている。栽培用水は，サーモスタッドで約 20℃から 22℃に保ち，ブロアーで酸素を与えながら水を循環させ，栽培をするのが M 社の植物工場の特徴である。

　また，水を流し続けるばかりでなく，水を止める簡潔方式を使用しており，養分を吸って栽培が出来るので水量に変化をつける方式を採用している（ON・OFF 型と呼ばれる）。レタス等の葉物以外にトマト・キュウリ・メロン等の栽培が可能である。特にメロンは，産地ブランドの条件という基準がある

出所：当間・倉方・當間（2013），58 頁，図 1。

図 8-1　M 社

ため栽培ができた状態であるが，市場には流通させなかったようである。ゴボウ・大根等の根物は難しく，なおかつ需要が見込めないので栽培をしていない。葉物野菜が中心であり，種まきをして約2週間ベッドに植える。その後，約1ヶ月で栽培している。

⑵　H社

　H社は，静岡県浜松市浜北区に位置する会社であり，植物工場のベンチャー系の会社である[4]。経営者は農学系の大学で学んだ経験を持つ女性企業家である。アイデアが豊富で，植物工場の生産プロセスにおいても，マーケティングにおいても実験を試みる。このH社についての調査の概要としては次の通りである。植物工場栽培の設備は，2段（多段式）のアルミフレームにFRPにて作成した水耕栽培用トレイにタイマースイッチにて4時間毎に15分ほど栽培用水を流すように制御している。朝6時から夕方6時までの間，LEDまたは蛍光灯にて光を与えるシステムを使用している。室温が，40℃を超えると根腐れするので，強制的にエアコンにて室温を18℃から25℃に保って栽培を行っている。光熱費は，基本使用料金を含み，1ヶ月あたり約11,000円（2.5間×1.0間程度のプレハブ小屋）がかかるとのことであった。栽培用水は，減った分を補充し，取り換えは3ヶ月に1度程度で十分であると考えており，農学で学んだ知識を生かして生産計画を立てている。

　光源は，図8-2にみられるように，蛍光灯，LED，エコらる（開発）の3種類を使用している。また，FRP製の栽培用トレイは，特別注文により黄緑色したトレイを，他者とH社で製作したものであるとのことである。肥料については，非常に独特であり，現在は有機煮汁（有機肥料）にて栽培できる野菜を研究している。化学肥料は，大塚化学株式会社ベジタブルライフAを使用している。ここでも肥料表（大塚化学）より栽培用水を作り出し（ポータブル型PH計によって計測），循環させていた。15Aの分電盤スイッチにタイマー（栽培用水循環用）のついたスイッチにて時間制御を行っていた。蛍光灯またはLEDの照射は市販用タイマースイッチにて行っている[5]。

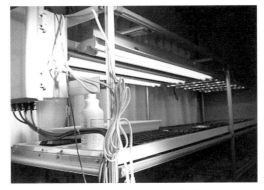

出所：当間・倉方・當間（2013），59頁，図6。

図 8-2　Ｈ社

⑶　Ｃ社

　Ｃ社は，愛知県大府市吉川町に位置する会社であり，電気設備工事が主体の会社が植物工場を経営している[6)]。換言すれば，電気設備工事を基本的業務に行う傍ら，電気設備そのものを生かして新たなビジネスを展開することを目的に植物工場へ参入した背景がある。調査の概要としては以下の通りである。

　図 8-3 に見られるように，LED（白赤・赤青）を使用している。これは，植物の生育に良い光があるため，使い分けをしている。水を循環することなく，水分がなくなったら植物に合う肥料を肥料表（大塚化学）より作り出し

出所：当間・倉方・當間（2013），59頁，図3。

図 8-3　Ｃ社

（ポータブル型 PH 計にて計測）栽培トレイに入れる。エアコンの温度管理は一定で行い，20℃から 22℃に保つようにしている。葉物は，早い物で約 3 週間，レタス等は，これまでの計測からすると，約 45 日で栽培可能となる。エアコン，LED をタイマースイッチにて管理し，光熱費は 1 ヶ月当り約 2 万円かかっている。このコンテナ型の植物工場は，現在海外市場を想定しており，具体的な商談が進んでいる等の回答が得られた。

⑷　Y 社

　Y 社は，静岡県浜松市浜北区に位置し，オートバイの部品（コントロールケーブル・パイプおよび電気系統の部品）を主として製造する会社である[7]。近年になって，Y 社の LED ライトを手掛け，この手がけた商品の販路に見合うビジネスはないものかと探索したところ，植物工場に行きつき，Y 社の新たなビジネスとして参入した経緯がある。この Y 社については，調査の概要としては，以下の通りである。

　同社では，植物工場ビジネスそれ自体の経営は行っていない。しかし，植物工場に利用できる光源体や，植物の栽培に有効な LED ライトの製品開発をすべく，植物工場ビジネスの研究を行っている。同社は，もともとオートバイ部品を製造してきた（図 8-4 参照）。LED ライトは，問い合わせに応じて製品購入が出来るような受注生産体制をとっている。植物の生育によい LED ライトの開発を大学などの研究機関とタイアップして行い，農家や農協へ販売している。植物用 LED ライトは，植物の光合成を考慮（赤と青が基本色）し，パネル式やバー型など，顧客のニーズに合わせた形状で製作するようになった。近年同社が開発した LED ライトは，発光効率を十分に確保するため，水冷式になっている。植物用 LED ライトは，葉物野菜を中心に使用されているが，今後は果菜類への展開も期待されている。青菜花は，LED の光源体を備えた冷蔵庫内で疑似越冬させることで得られた野菜である。

　同社で生育試験用に使用している植物工場モデルがあるが，基本的な機能としては，熱帯魚の水槽をイメージしてもらうとわかりやすい。ポンプ・サーモスタッド・ブロアーで水を循環させて簡易的な水耕栽培装置をつくり，実験を繰り返している段階であった。

出所：当間・倉方・當間 (2013), 60 頁, 図7。

図8-4　Y社

　今後も植物工場ビジネスを経営する顧客のニーズに合わせた製品と，自社で実験を重ねて開発した商品の2本柱で生産を進めていく予定である。

2.　調査のまとめ

　本研究では，植物工場の4社のケースについて調査を行った結果，特徴が際立った事例を取り上げた。まず，これまでかなり長い間，植物工場の研究やコンサルティングを行っている会社（老舗）への調査からはじめ，電機設備工事から派生した植物工場への多角化ビジネス，植物工場ビジネスのシステムの研究開発を中心に植物工場のコンサルティングビジネス，LED などの製品技術を生かした多角化ビジネスの順で行い，その内容を記述することとした。また本調査にもとづいて，顕著な特徴について，重要課題と詳細項目にわけ，下に記述することにする。

　(1)　調査に基づく顕著な特徴—重要課題について—
　① 農業との格差・認知度—農産物として扱われない現状—
　植物工場を営む経営者は，それ自体，農業であるとの認識があるか否かの一般的な認知が進んでいないために数多くの意見があった。一般的な農業と比べ

て補助金や電気契約などにおいて不公平な点が多いとの意見があった。生産物が農産物でありながら土地を農地として認めてくれないといった回答が目立っていた。

② 資金提供―農業の枠組みには入っていないとの認識―

　植物工場は，未だに認知されていない現状から，行政施策に好材料（情勢）などが全く見当たらないといっても過言ではないと指摘する経営者も数多くあった。農協を含め金融機関と資金面で苦しくなった時に相談してきた経緯があった。適応できる資金の提供先や融資先などがほとんどなかったのである。このような点から植物工場のような新たなシステムは，一般的な素人にはわからないシステムの様でもある。そのため植物工場のビジネスに成功している企業や技術やノウハウを持っている企業が，積極的にコンサルティングを着手するのは，単にビジネスとしてのコンサルティングばかりではなく，成功企業を増加させ認知度を上げていくことも目的としている。換言すれば，競争相手を育てるが，産業そのものの基盤形成に力を注ぐことで自社も生きるドメイン（事業領域）を示している。

③ その他

　植物工場を営む側からみると農業との境界が不明確である。他方，農業を営む側からみると様々な点に差異があり，同一視しがたい別分野という理解である。この点がまさに生産要素の結合の変化とそれに伴う経営形態の変化ということを示しているといえよう。この境界の最も重要なものは，土壌を使わないものは農産物とは認めないという認識から生じてきた課題でもある。新規事業を創造するうえで，最大の障害は社会の価値規範である[8]ということである。植物工場のビジネスおよび生産物市場で認知されるためにも，農協（生産者）に対して安定的に生産することや農業との併設が重要であると植物工場ビジネスの経営者たちはこれを認識するに至った。しかしながら，農地の取得を目指したが，非常に敷居が高く断念したり，農地でも手続きが簡単な仕組みや許認可が遅れたり，また，市街化調整区域（雑種地）において植物工場の設置は不可とされている。したがって，植物工場という新しいビジネスへの理解は，社会的，制度的な理解に古い各種法体系にはあてはまりにくく，この点は時間の要するものとなろう。

(2)　調査に基づく顕著な特徴―詳細項目について―

　ここで本研究において，植物工場のビジネスが直面する調査研究の競争優位
（メリット）と課題（デメリット），そしてインタビューの段階では想定できな
かった特記事項を下記にまとめることにする。

① 競争優位

　植物工場で生産された生産物については，工場施設内で生産される。した
がって，農業における露地野菜のような生産形態が異なる。そのため，虫，
菌，そして天候によって影響されることが少ない。このことから生産物はほぼ
無菌状態で栽培される。そのため生産物は洗浄する必要がない。これは災害な
どの影響も受けることが少ない，また害虫などの被害も受けにくいことなどか
ら，人が食する際，食料の安心・安全が確保できるものといえる。また，これ
らの利点を生かすと植物工場の生産物は，生産プロセスでいくつかの作業を削
減することも知られている[9]。これはまさにビジネス・プロセス・リエンジニ
アリング（business process re-engimeering：BPR）といえるであろう。

a. 洗浄の不必要性

　生産物は，あくまで工場施設内で生産されることが前提となっている。その
ため，天候や害虫などの悪影響を受けることなく，植物（野菜）を生産するこ
とができる[10]。

b. 仕事のプログラム化

　生産物は，施設工場内で生産されるため，種まき－育成－出荷の時期が計画
化できる。これはいわゆるプログラム化することができることを意味してい
る。

c. 多くの野菜品目が栽培可能

　様々な野菜，花卉，植物などが生産可能となっている。現在では，植物工場
での生産はレタスを中心に，葉物野菜の生産・出荷が主流となっている。ただ
し，根菜類の生産は技術的に可能であるが，あまり得意な対象ではない。

② 課題

　植物工場で生産された生産物については，工場施設内で生産される。した
がって，この工場設備を設置する費用は，農業として露地栽培をして農産物を
出荷するよりも安定と安心が得られ，非常にコストが高いといえる。

a. 高いイニシャル・コスト

植物工場の施設を設置する初期投資は非常に高価である。

b. 高いランニング・コスト

植物工場の施設を稼働させるためには，温度管理，湿度管理，CO_2等の管理，それから照明などの光熱費が非常に高価である。

c. 生産物は露地栽培ものより高価

初期投資となるイニシャル・コスト，工場を稼働されるランニング・コストなどが，非常に高価であることは既述した通りである。これは生産物が出荷される際に，いわゆるコストプッシュとなって，生産物にコストを乗ずる形で価格を設定することとなる。

d. 思った以上に雇用を創造しない

植物工場は，種まき・育成・出荷などの時期が計画化でき，プログラム化することができる。このことは，パート・アルバイトのような人員で賄うことができ，それほど多くの雇用創造とはならないことを意味している。

③ 特記事項

a. コンサルティングが盛ん

植物工場ビジネスそれ自体がまだまだ発展途上にあり，植物工場のビジネスにおける起業や経営についてのコンサルティングを行っている企業が数多く見られた。

b. 多角化による参入

植物工場ビジネスは，今回の調査でも農業系，電気設備系，電気部品製造系，研究開発系などという背景からの多角化が見受けられた。様々な業種からの異業態・異業種参入が多角化ビジネスの一環として見受けられた。

c. シルバー人材・ハンデキャップ人材の活用の可能性

植物工場ビジネスがプログラム化でき，まず計画的に生産することが可能であることから，様々なことが示唆されよう。それゆえに，シルバー人材やハンデキャップの人材は可能となることは調査からも得られた結果であった。

d. 生産物・植物工場システムの移動可能性

植物工場の施設は，単純に移動不可能な屋内設置型や工場設置のものばかりではない。移動可能なコンテナ型，コンパクトな観賞型のものまで数多く商品

化されている。特に移動可能なものは，被災地支援・海外市場への販売を可能にし，被災地へ植物工場をトレーラーで移動させることも可能である。

e. 栄養（成分）調整が可能

植物工場で生産されるものは，植物が育成される環境条件を人工的に整えていくと植物の製造が可能となる。施肥の配合次第では，生産物の栄養分の調整が可能である。なお，肥料についても，無機質なものから有機質のものまで利用可能であり，試験を行っている会社も見られることとなった。したがって，新たな「食」に関する製品市場の開拓を意味する。

f. 生活環境効果

人の集うところで栽培することも可能であるこの植物工場は，ディスプレイとしての製品そのものの見える化が可能である。老人ホームや職場などは和やかになる観賞用の意味を持っている。同時に，日本サブウェイのような顧客にディスプレイする，いわゆるマーケティングへの利用も可能にする。

3.　小　　括

以上，植物工場ビジネスを手掛ける企業および法人についてインタビューを行うことによって，実際に経営している植物工場ビジネスの現状把握およびビジネスの可能性を調査した。ここに取り上げた事例は，経営戦略の観点からみれば，本業そのものである場合もあるが自社の技術の応用として多角化した事例もあり，さらには本書では記さなかったが，撤退の意思決定を表明しているビジネスも見受けられた。

食料の安心，安全そして安定供給を考える場合，食料生産における農業の代替主体として考えられる植物工場への期待感は高まることが予想でき，顕著な傾向となるであろう。

今回の調査結果において，植物工場ビジネスには，コスト（イニシャル・ランニングを含め）の提言，販路の確保，品質安定への努力そして農業との共存と理解が重要な点としてまとめることができる。これらは，第4章で検討したことであるが，この調査を通じて確認することができることとなり，より明確

になった。

　植物工場のビジネスを経営している経営者の中には，農業と植物工場の両面を営むことで，農協への理解を求める事業者数も少なからず存在している。これは，既存の農業および農協をはじめとする組合・団体への認知と理解がまだ浸透していないことを示しているといえよう。

　今回の調査した顕著な事例であるが，植物工場そのものが，植物工場ビジネスとして食料生産者となる会社はそれほど多くはない。したがって，植物工場ビジネスはまだまだ発展途上にあり，今後が期待されるビジネスであるといえよう。

注
1 ）　調査の期間は，2013 年 2 月から開始し 3 月にかけて行った。企業や法人の植物工場ビジネスの開発者や担当者へ直接インタビューを行い，その内容を記述することとした。調査の時間はおおむね 1 時間半から 2 時間くらいとした。なお，この点については，次の文献で記述されているのでそこからの引用である。當間・倉方・當間（2013b），57-62 頁。
2 ）　すでに調査の内容が公表されている調査内容については，次の文献に掲載されているので参照されたい。當間・倉方・當間（2013a）。なお，本調査の内容は，既に公表されている調査内容であるが公表されていない内容もあるので，便宜上アルファベットで社名を示していることを述べておく。
3 ）　M 社は，(株)M 式水耕研究所であり，2013 年 3 月 11 日にインタビューを行った。「M 式水耕研究所」（閲覧日：2013 年 10 月 27 日）。
4 ）　H 社は，(株)ホト・アグリであり，2013 年 3 月 12 日にインタビューを行った。ホームページ「(株)ホト・アグリ」（閲覧日：2013 年 10 月 26 日）。
5 ）　農商工等連携対策事業であり，関東経済産業局および関東農政局認定第 1 号に選出された。また，農商工連携ベストプラクティス 30 選定事業としても指定を受けている。
6 ）　C 社は，(有）林田電気システムであり，2013 年 3 月 11 日にインタビューを行った。ホームページ「(有）林田電気システム　小さな葉っぱ」（閲覧日：2013 年 10 月 26 日）。
7 ）　Y 社は，やまと興業(株)であり，2013 年 3 月 11 日にインタビューを行った。ホームページ「やまと興業(株)」（閲覧日：2013 年 10 月 26 日）。なお次の記事も参照したのでここで紹介しておく。「植物工場・農業ビジネス」（閲覧日：2013 年 10 月 26 日）。
8 ）　亀川・青淵編（2009），10-11 頁。
9 ）　例えば，サンドイッチパンのような調理パンの製造プロセスを考えると，自ずとわかってくるであろう。パンに入っているレタスについて，「水で洗う」，「水を吹きとる」，「乾かす」などの生産工程のいくつかを削減することができるのである。
10）　植物工場で生産された産出物は，農産物という用語を用いてよいのか，現段階では未だ明確に区別されてはいない。したがって，工場より産出されるため，本書では，生産物という名称を用いていることとしている。

第9章

本研究の考察と結論

本研究の締めくくりとなる本章では，これまで検討してきた第2章から第8章について，考察と結論および今後の課題について述べていくことにしよう。

1. 本研究の考察

本研究においてこれまで考察してきた内容について，ここで再度，確認していくことにしよう。

まず第1章では，本研究における着眼する視点として問題の所在を明示し，研究の対象および研究の構成を示してきた。第2章では，創造社会が到来してきている現代において，価値創造へ向けて問題の解決と課題の克服に向けた産業のビジネス・デザインのあり方も変化させていく必要を検討してきた。第3章では，日本における食料生産の主体は農業といわれているが，依然として低い値を示す食料自給率に代表されるように，食料生産における数々の問題と課題について検討してきた。第4章では，このような問題や課題が深刻化する中で農業に関する問題の核心について考察するとともに，規格・競争・学習といった同一用語でも異なる概念で使用されていることを指摘し，ビジネスの視点から検討をした。第5章では，食料生産およびその市場において，農業の問題点や課題を解決に導く新たな主体として植物工場を取り上げ検討してきた。そして第6章では，ビジネスにおける企業機会の選択という側面から農業と植物工場を比較検討し，生産要素の変化とこれに伴う経営形態の変化として本研究の理論的な枠組みと創造社会における食料生産のビジネス・デザインを産業間イノベーションとして提示した。続く第7章では，第6章で比較検討した食料生産におけるビジネスにおいて，植物工場が農業と同等な機能を持ちうるか

という視点からアンケート調査に基づいて検討を行った。そしてこのアンケート調査の中から有力な回答者を選別し，インタビュー調査を行い，食料生産のビジネス・デザインについて考察したのが第8章である。

　各章の考察の経緯は，各々，次の通りである。

　第2章では，様々な産業組織においてイノベーションが着目されているが，その源泉が1つの産業や組織の内部のイノベーションにあるとするのは限界があるのではなかろうかという疑問がある。第1次産業における農業について，問題の解決や課題の克服と，成長や発展を前提としたイノベーションという視点から検討してきた。それでもなお，農業における問題は解決の途を辿るどころか，問題や課題が山積されている状況にある。このような努力がなかなか状況に適合しない。そこで産業発展のプロセスに着目し社会コンセプトとの関係から，同一分野内の情報共有ではなく異分野との関係を築く，産業の枠を越えた新時代のラーニング（学習）が重要であるとの指摘を行った。

　食料生産の生産主体に注目してみると，新規参入者として有力な主体と考えられる第2次産業に位置づけられる植物工場のビジネスがある。しかしながら，農業はこれらを受け入れることよりも，むしろ一線を画す状況にある。そこには産業間で何か受容できない障壁の様な阻害要因があると考えられる。しかしながら，問題や課題が解決されていかないのであれば全く意味がないので，同一産業への異分野の情報を受容し，うまく活用して価値創造へ結びつけるという新しい社会コンセプトの変遷を視野に入れたラーニング（学習）的思考が必要不可欠であることを指摘した。加えて，この視点はビジネスという視点での議論を俎上にのせ，ビジネスという視点から考察を試みた。マーケティングとイノベーションという視点から見ていくことで，ビジネスの流儀を参考にしながら産業の発展，すなわち第1次産業に位置づけられる農業に対する成長や発展を見据えた問題の解決や課題の克服への足掛かりとして，産業間イノベーションを見ていくことを検討したのである。

　第3章では，食料生産に関して検討する上で，生産主体である農業に焦点をあて農業に関する問題点をあげた。そして，農業がまさに直面しているグローバル化や不測事態への対応という課題を指摘した。ここで重要なことは，食料生産は第1次産業に位置づけられる農業という産業部門が担うということに

あった。日本の食料自給率が依然として低い状態が続いており，農業生産に関する解決策を見出さなければ，日本国内の食料需給管理はグローバル市場に委ねられることになる。市場経済は安定的な供給を保証するものではない。農業という産業の保護および育成の政策に関してはすでに矛盾が露呈しており，根本的な政策やそれに基づく制度変更を実施しない限り，食料問題の解決は難しい。農家の高齢化や農村人口の減少もあり，農業による食料生産というフレームワークは問題解決の選択肢を狭めている。食料生産の主体を農業とする固定概念の創造的破壊が必要になる。

　第4章では，食料生産についての主体である農業は，これまで様々な努力をしてきたことがうかがえることを指摘した。しかしながら，依然として低い値を示す食料自給率に象徴されるように，様々な問題が未解決の途を辿るままになっている。そこで，農業に関する問題の核心を考察するためにも，ビジネスという視点を俎上にのせ検討することとした。そこには，土地を持つ小農が1つの地域に1つの農協という独占的意思決定構造の下でコントロールされている状況にあり，各農家の意思決定は農協の意思決定に対して従順に従う下請け的な生産構造にあることが理解された。農家は，市場における分権的な意思決定主体ではなく，農協という中央集権化された意思決定に従うことで，リスクを負担しない経営を行っていることが判明したのである。資本調達や雇用が閉鎖的になるのは，農協を経営トップとする計画経済的秩序を形成しているためである。日本の農業の経営形態は，農協という組合企業の制度を無視しては論じることができないということであった。この制度は食料生産の保護と育成のために制度設計された仕組みであるが，グローバル市場の解放という圧力の中で，食料安全保障を支えることが困難になっている。既存の制度がこれまで盤石な体制を構築してきただけに，矛盾の蓄積が露呈しても制度を抜本的に変更することは難しい。制度は，様々な利害関係者との明示的かつ暗黙的な契約関係となっており，特定部分の制度変更は他の制度との矛盾をきたすことになる。したがって，農業という枠組みとは異なる競争的で代替可能な食料生産の従事者を導入することで，機会の選択肢を増やすことが必要である。競争的な参入は生産活動を刺激し，成長と発展へ導く可能性がある。そういった意味から，食料生産における植物工場の存在的意義は大きいといえる。

　グローバル化という市場の拡大が見込まれる可能性や天候不順あるいは自然災害等に対応できる弾力的な食料供給能力は，政府や農協による計画経済では対応できない。このように考えてみると，農業問題の解決は新たな食料生産主体の存在を要請することになるが，農業の固定的な社会の価値規範がイノベーションにとって障害となる。それでもなお食料生産における抜本的に考え直すのであれば，代替的生産者の存在を受容し競争状態を形成させる必要がある。

　第5章では，強固な社会的価値観を農業生産の内部から変革するのではなく，植物工場という新たな価値観を外部より導入することを考察した。農業を保護するために設けられた様々な規制は，外部からの参入障壁のみならず農業内部の改革を難しいものとしていた。食料生産の主体としての地位を確保した農業の制度設計は，既存の利害関係者を調整するための非常に強固な明示的かつ暗黙的な契約関係が構築されている。そのため農業内部から新しい技術や生産・販売方法などのイノベーションが芽生える余地がなかった。植物工場の経営戦略の分析においても示されていたように，農業と同等の機能である植物工場ビジネスの参入障壁はとても高いといえる。

　しかしながら，植物工場の生産機能は農業との競争を回避する選択肢がある。植物工場は野菜をはじめ技術的には様々な食料が生産可能であるが，ビジネスとして成立する生産物は限定的であり，投資の採算性からは生産品種が限られている。このことが，むしろ植物工場の農業生産への部分参入を可能にすることになる。農業との全面的な競争となれば，既存の価値観や制度との衝突となり，政治的介入も強まることが考えられる。しかしながら，部分的な参入であれば，農家の拒否反応は小さなものとなり，農家自身も一部の生産に関して植物工場を活用することが可能となる。このように，生産される品目は限られているがゆえに，むしろ土地（農地）を重要視する農業と植物工場との協調関係が成立し，食料生産のビジネスが進展する可能性が見えてくる。

　第6章では，農業と植物工場の競争優位（メリット）と課題（デメリット）を背景に，この2者間の比較検討を行った。食料生産において問題や課題を数多く抱える農業ではあるが，この農業を棄却するわけではなく，植物工場と農業の比較優位を発見することで，農業生産物の生産性を向上させることが可能となる。これまで相容れなかった農業と植物工場は，生産要素という側面から

検討すると，農業は限られた土地を中心に労働力と資本を結合した生産活動を行うが，植物工場は土地の制約から解放され，資本と労働力という製造業の生産関数を持つことになる。この生産要素の結合形態が，企業の経営形態を分けることになる。土地と人間を中心とした農業は，農事組合法人という経営形態をとり，資本結合に基づく物的関係を基盤とする植物工場は会社法人という経営形態を選択することになる。資本の結合方法による企業の経営形態は，それぞれの経営機構や組織構造，経営管理方法の相違となる。

　農業と植物工場は，相互に排他的な経営戦略であると見なすべきではない。しかしながら，投資機会を選択するビジネスの視点から考察すれば，資本結合の最高形態である株式会社という形態を選択できる植物工場ビジネスは，投資の規模を含めて，投資機会を広範に捉えることが可能となる。イノベーションを移入する経営環境への適応可能性については，植物工場の優位性が示されることになる。

　加えて，食料生産のビジネスにおいて，農業と植物工場という相互に代替可能な生産主体の存在が好ましい状態であることを描き出した。換言すれば，ビジネスの視点から食料生産における問題解決をデザインすることが重要である。創造社会において，第1次産業と第2次産業という産業間イノベーションの考え方を提示したのである。

　これを受け，第7章では，社会および経済にとって不利益を被らない状態を検討しなければならない。この視点から，植物工場が食料生産を賄うための単なる農業の代替機能の意味しか持たないのかを検討する。その分析手法は，植物工場の現状と実態を把握するアンケート調査である。農業の植物生産における工程の個々の作業1つ1つについて仮説と検証をすることが難しいことから，植物工場の特徴として，農業と同等の機能を備えているかを植物工場の現状と状況を包括的に把握し，導き出そうということである。アンケート調査の結果，植物工場のビジネスは，業販用と市販用に川下から川上までの垂直統合を可能としており，社会的な機能として将来性があるという回答が得られた。農業という閉鎖的な産業に比較すると，植物工場のビジネスは拡張可能性が高いと考える回答者が多くいた。最も重要なことであるが，植物工場の生産物を農産物と認識する回答は，植物工場が営むビジネスは農産物の生産であるとい

うことを指示した結果である。

　第8章では，植物工場ビジネスを手掛ける企業および法人について，直接イ
ンタビュー調査を行うことによって，実際に経営している植物工場ビジネスの
現状把握およびビジネスの可能性を示した。ここに取り上げた事例は，経営戦
略の観点から見れば，本業そのものである場合もあるが，自社の技術の応用と
した多角化の事例も見受けられた。顕著なる事例であるが，未だ会社形態とし
ての植物工場ビジネスとなる生産者はそれほど多くはない。したがって，植物
工場は，試行錯誤的な発展途上にあるビジネスであることが確認された。

　インタビュー調査から得られた知見としては，施設内で生産される農作物が
無菌状態で生産されるため，農薬がほぼ使用されないということである。ま
た，計画生産が可能であるため，生産物および生産システムの移動可能性が高
いこと，農作物の成分調整が行われることなどが競争優位をもたらすことにな
る。その一方で，植物工場ビジネスは農業として扱われていないため，農協の
協力を得ることができない。農協からの資金提供は受けられず，顧客となる購
入先を確保しなければならない。また，電気代などのコストが高く，投資の回
収に時間がかかる点も参入が増えない原因である。

2. 本研究の得られた知見

　食料生産における生産主体とされる農業には，現在，食料自給率をはじめ，
数々の問題点や課題があり，これらを解決へと導くためには，農業だけが食料
生産の主体であるという固定概念の枠を外すことにある。本研究は，食料問題
を社会の問題として棚上げし，そこからビジネスという共通項を見出すことか
ら分析を行った。この視点が本研究における知見の第1にあたる。

　そして，この視点から農業における問題点の核心を究明すべく検討を行っ
た。イノベーションとマーケティングという視点から検討してみると，農業は
守られた状況になっていることが理解できる。生産過程から見ると，農業は生
産を担う小農と流通を担う農協という2つの主体に大別され，この総称が農業
であるということがわかった。我われが創造する土地で作物を生産している農

業を一般的に想像するが，これは小農であってまさに農作物を土地（土壌）で栽培する生産工場のことであった。これが本研究における知見の第2にあたる。

そこで同等の機能を持つ生産者として植物工場が検討された。植物工場は，施設内で農作物を生産することから工場として捉えると，土地という非弾力的な生産要素が意味を持たなくなってくる。そこで農作物の生産工場という状況を比較検討してみると，そこには生産要素の結合形態の差異によって，農事組合法人と位置づけられる農業と会社法人として位置づけられる植物工場の間に差異が生じる。つまり，生産要素の結合形態が変化すると，経営形態に変化が生じることであった。この視点が本研究における知見の第3にあたる。これを受け，第1次産業と第2次産業という産業間イノベーションともいうべきビジネス・デザインの考え方を提示したことが，第4の知見である。

さらに，農業と植物工場の実態を把握するため，アンケートとインタビュー調査を行った。この検証結果は，本研究における知見の第5にあたる。

3. 今後の課題

農業は，これまで土地（農地）を所有しない農業従事者あるいは植物工場というビジネスを受け入れてこなかった。しかしながら，植物工場は農業というフレームワークを持たないまま，農作物の生産活動に参入を開始した。植物工場の普及は進んでいると，はっきりと明言できる状況とはいい難い。しかしながら，会社法人としての植物工場の投資拡大や農協の組織改革が起こることで，新たな制度と秩序が形成される可能性がある。その動向については，現在の植物工場の投資の回収期間と投資収益率などの実証結果を待たねばならない。農業という構成概念が小農と農協という単位のみならず，農地を有さない植物工場を新たな構成単位に加える可能性も否定できない。

現在，社会では，植物工場以外にもビッグデータを利用したAI（Artificial Intelligence：人工知能）による効率的な農業が現れ，それが具現化してきているようである。農業の内部からもイノベーションを起こす事例が散見できる

ようになってきた。堅牢な農業の制度設計は，新たな技術の導入により内から
の変化の兆しがある。農業のこうした新たな段階については，植物工場の分析
とは異なる視点で分析する必要がある。

　以上は今後の課題である。

参考文献

1. 日本語文献

相原修（1989）『マーケティング入門』第1版，日経文庫。

浅羽茂（1995）『競争と協力の戦略』有斐閣。

生田靖（1977）『農業問題―現代日本資本主義と農業―』同文舘。

井熊均・三輪泰史編（2014）『植物工場経営―明暗をわける戦略とビジネスモデル―』日刊工業新聞社。

池田英男（2010）『植物工場ビジネス―低コスト型なら個人でもできる―』日本経済新聞出版社。

石田一喜・吉田誠・松尾雅彦・吉原佐也香・高辻正基・中村謙治・辻昭久（2015）『農業への企業参入　新たな挑戦―農業ビジネスの先進的事例と技術革新―』ミネルヴァ書房。

伊藤宏比古・妹尾堅一郎・久保恵美（2016）「植物工場に関するビジネスモデルの多様性―日本農産業発展のためのビジネスモデル構築に向けて―」，『研究　技術　計画』Vol.31，No.3/4，269-308頁。

伊藤光晴・根井雅弘（1999）『シュンペーター―孤高の経済学者―』第12刷，岩波新書。

伊藤元重（2015）『伊藤元重が語るTPPの真実』日本経済新聞出版社。

井上達夫・名和田是彦・桂木隆夫（1992）『共生への冒険』毎日新聞社。

今井賢一（1976）『現代産業組織』岩波書店。

今井賢一・宇沢弘文・小宮隆太・根岸隆・村上泰亮（1972）『価格理論』岩波書店。

今井賢一編（1986）『イノベーションと組織』東洋経済新報社。

今村奈良臣他（1997）『WTO体制下の食料農業戦略』農山漁村文化協会。

入江重吉（2008）『エコロジー思想と現代』昭和堂。

岩永忠康編（2015）『マーケティングの理論と戦略』五絃舎。

植田和弘（2003）『環境経済学への招待』第6刷，丸善ライブラリー。

上原征彦編（2015）『農業経営―新時代を切り開くビジネスデザイン―』丸善出版。

鵜沢弘文（1986）『近代経済学の転換』岩波書店。

大泉一貫・津谷好人・木下幸雄（2017）『農業経営』実教出版。

大山利男（2003）『有機食品システムの国際的検証』日本経済評論社。

岡本眞一（2002）『環境マネジメント入門』日科技連。

岡本眞一編，當間政義・近藤明人・嶋村幸仁（2007）『環境経営入門』日科技連。

岡本眞一編，當間政義・近藤明人・嶋村幸仁・堀江則之（2013）『環境経営入門』第2版，日科技連。

小川進（2000）『イノベーションの発生理由―メーカー主導の開発体制を超えて―』千倉書房。

奥村昭博（2003）『経営戦略』第31刷，日経文庫。

小田滋晃・川崎訓昭・長命洋佑（2013）『動き始めた「農企業」』昭和堂。

小田切宏之（2010）『企業経済学』東洋経済新報社。

小野桂之介・根来龍之（2001）『経営戦略と企業革新』朝倉書店。

小野譲司（2010）『顧客満足の知識』日本経済新聞出版社。

加護野忠男（2001）『競争優位のシステム―事業戦略の静かな革命―』第7刷，PHP新書。

加藤憲一郎（2005）『環境に優しいオール電化住宅』ダイヤモンド社。

亀川雅人編（2004）『ビジネスクリエーターと企業価値』創成社。

亀川雅人編（2006）『資本と知識と経営者―虚構から現実へ―』創成社。

亀川雅人編（2007）『企業価値創造の経営』学文社。

亀川雅人・青淵正幸編著（2009）『創造的破壊―企業価値の阻害要因―』学文社。

亀川雅人（2015）『ガバナンスと利潤の経済学―利潤至上主義とは何か―』創成社。

亀川雅人（2018）『株式会社の資本論―成長と格差の仕組み―』中央経済社。

亀川雅人・粟屋仁美・北見幸一編著（2020）『市場とイノベーション』中央経済社。

川井一之（1988）『バイオ革命は農業を革新できる』御茶の水書房。

河合明宜・堀内久太郎（2014）『アグリビジネスと日本農業』放送大学教材。

岸川善光編，谷井良・八杉哲（2004）『イノベーション』同文舘出版。

木下幸雄（2018）「農外参入企業のマネジメントは優れているか？」，『経営教育研究（vol. 21, No. 1）』，47-56頁。

木村伸男（2004）『現代農業経営の成長理論』農林統計協会。

木村伸男（2008）『現代農業マネジメント』日本経済評論社。

楠木建（2010）『ストーリーとしての競争戦略』東洋経済新報社。

畔柳茂樹（2017）『最強の農起業！』かんき出版。

経営学検定試験協議会監修，経営能力開発センター（2010）『経営学の基本』第3版，中央経済社。

河野豊弘（1969）『企業成長の分析』丸善。

神門善久『日本農業への正しい絶望法』新潮新書，第7刷，2012年。

古在豊樹（2010）「進化する植物工場の未来と課題」，『SRI（No. 103）』。

古在豊樹（2014）『植物工場のきほん―設備投資・生産コストから，養液栽培の技術，流通，販売，経営まで―』誠文堂新光社。

木幡績（2013）『成長戦略のまやかし』PHP新書。

小林英夫（2003）『産業空洞化の克服』中公新書。

坂本楠彦（1978）『地代論講義』東京大学出版会。

佐々木実（2013）『市場と権力―改革に憑かれた経済学者の肖像―』講談社。

佐藤和憲編，斎藤修監修（2016）『フードシステム革新のニューウェーブ』日本評論社。

椎名隆・石崎陽子・内田健・茅野信之著（2015）『遺伝子組換えは農業に何をもたらすか―世界の穀物流通と安全性―』ミネルヴァ書房。

品田穣著（1980）『ヒトと緑の空間』東海大学出版会。

渋谷往男（2009）『戦略的農業経営―衰退脱却へのビジネスモデル改革―』日本経済新聞出版社。

社会開発研究センター（2011）『よくわかる農業技術イノベーション』日刊工業新聞社。

生源寺眞一（2011）『日本の農業の真実』ちくま新書。

食品工業編集部（2010）『植物工場』光琳。

新庄浩二（1995）『産業組織論』有斐閣。

鈴木充夫編著（2010）『日本農業の課題と政策提言―水田から見た日本農業再生への道―』全国共同出版。

十川廣國・榊原研互・高橋美樹・今口忠政・園田智昭（2006）『イノベーションと事業構築』慶應義塾大学出版会。

ダイヤモンドハーバードビジネスレビュー編集部編集・訳（2006）『ビジネスモデル戦略』ダイヤモンド社。

高垣行男（2017）『地域企業における知識創造』創成社。

高辻正基（1979）『植物工場』講談社ブルーバックス。

高辻正基（1990）『植物工場の誕生』日本工業新聞社。

高辻正基（2010）『植物工場』日刊工業新聞社。

高辻正基（2011）『ＬＥＤ植物工場』日刊工業新聞社。

高辻正基（2012）『完全制御型植物工場のコストダウン手法』日刊工業新聞社。

高橋裕（2012）『川と国土の危機　水害と社会』岩波書店。

武内和彦（2003）『環境時代の構想』東京大学出版。

竹内慶司編（2006）『市場創造（マーケティング）―マネジメント基本全集―』学文社。

竹中平蔵・ムーギー・キム（2018）『最強の生産性革命』PHP 研究所。

竹村真一（2008）『地球の目線―環境文明の日本ビジョン―』PHP 新書。

立花隆（1990）『農協』第 10 刷，朝日文庫。

玉野井芳郎（1978）『エコノミーとエコロジー―講義の経済学への道―』みすず書房。

谷口正次（2014）『自然資本経営のすすめ』東洋経済新報社。

千賀裕太郎（1995）『よみがえれ水辺・里山・田園』岩波書店。

千賀裕太郎（2007）『水資源管理と環境保全』鹿島出版会。

長命洋佑・川崎訓昭・長谷祐・小田滋晃・吉田誠・坂上隆・岡本重明・清水三雄・清水俊英（2015）『いま問われる農業戦略：規制・TPP・海外展開』ミネルヴァ書房。

張輝（2012）「ビジネスモデルの定義および構造化に関する序説的考察」，『立教 DBA ジャーナル』No. 2，19-36 頁。

土屋守章（1989）『現代企業入門』日本経済新聞社。

土屋守章（1984）『企業と戦略』リクルート出版。

土屋守章（1994）『現代経営学入門―新経営学ライブラリ 1―』新世社。

土井教之編著（2008）『産業組織論』ミネルヴァ書房。

東京農業大学産業経営学科編（2007）『現代社会における産業経営学のフロンティア』学文社。

当間政義（2014）「植物工場ビジネスの特徴と課題」，『東西南北―2013 年度―』和光大学総合文化研究所。

當間勝正・倉方行・当間政義（2013a）「植物工場の機能とビジネスの可能性に関する一考察―住宅メーカーの付加価値創造とデザイン性に着目して―」，『和光経済』第 45 巻，第 2 号，13-31 頁。

当間政義・倉片雅行・當間勝正（2013b）「植物工場の現状と特徴に関する一考察―4 社の事例を中心に―」，『和光経済』第 46 巻，第 1 号，57-62 頁。

當間政義（2016）「植物工場のビジネス化に関する戦略的背景と革新モデル」，『ビジネス・マネジメント研究』第 12 号，1-16 頁。

當間政義編（2018）『マネジメントの基礎―企業と地域のマネジメント考―』五絃舎。

當間政義（2019）『生産要素の結合の変化と経営形態に関する研究―食料生産における生産主体を中心として―』立教大学大学院〈https://rikkyo.repo.nii.ac.jp/?action=repository_uri&item_id=17977&file_id=20&file_no=2〉（閲覧日：2020 年 9 月 12 日）。

土岐坤（2000）『マーケティング発想法』ダイヤモンド社。

豊澄智己（2007）『戦略的環境経営―環境と企業競争力の実証分析―』中央経済社。

中野一新編（1998）『アグリビジネス論』有斐閣。

中平千彦・藪田雅弘編（2017）『観光経済学の基礎講義』九州大学出版。

西村和夫・室田武（1990）『ミクロ経済学・入門』JICC 出版局。

日本環境教育学会（2012）『環境教育』教育出版。

日本経済新聞社編（2001）『現代経済学の巨人たち』日経ビジネス文庫。

日本施設園芸協会（2002）『養液栽培のすべて』誠文堂新光社。

日本農業市場学会編（1996）『農産物貿易とアグリビジネス』筑波書房。

丹羽邦男（1989）『土地問題の起源―村と自然と明治維新―』平凡社選書。

根来龍之・木村誠（1999）『ネットビジネスの経営戦略』日科技連出版社。

野口悠紀雄（1989）『土地の経済学』日本経済新聞社。

野中郁次郎（1999）『経営管理』第 40 刷，日経文庫。

野村恭彦（2015）『イノベーション・ファシリテーター』プレジデント社。

馬場啓一・浦田秀次郎・木村福成編（2012）『日本の TPP 戦略―課題と展望―』文眞堂。

原剛（2001）『農から環境を考える―21 世紀の地球のために―』集英社新書。

原田泰・東京財団（2013）『TPP でさらに強くなる日本』PHP。

日高晋（1962）『地代論研究』時潮社。

平井俊顕編（2007）『市場社会とは何か』上智大学出版。

藤本隆宏（2001）『生産マネジメント入門 I ―生産システム編―』日本経済社。

藤本隆宏（2001）『生産マネジメント入門 II ―生産資源・技術管理編―』日本経済社。

古沢広祐・蕪栗沼ふゆみずたんぼプロジェクト・村山邦彦・河名秀郎（2015）『環境と共生する「農」―有機農法・自然栽培・冬期湛水農法―』ミネルヴァ書房。

堀田和彦・新開章司（2016）『企業の農業参入による地方創生の可能性』農林統計出版。

堀田和彦（2017）『農業成長産業化への道すじ―七つの処方箋―』農林統計出版。

堀内俊洋（2000）『産業組織論』ミネルヴァ書房。

前田耕作（2013）「産業組織とイノベーションをめぐる先行研究についての一考察：競争・イノベーション・大企業の効率性に関する解釈の再検討」，『政策科学』立命館大学政策科学会，第 20 巻，第 2 号，179-189 頁。

水尾順一（2014）「グローバル CSR を基軸とした CSV に関する一考察―ヤクルトを中心として，企業のサスティナビリティ活動家らの学習―」，『経営教育研究』Vol. 17, No. 1, 29-45 頁。

三俣学編（2014）『エコロジーとコモンズ―環境ガバナンスと地域自立の思想―』晃洋書房。

三谷宏治（2014）「ビジネスモデル全史―イノベーションと競争優位のための戦略コンセプト―」，『ダイヤモンド・ハーバード・ビジネス・レビュー（4 月号）』。

三谷宏治（2018）『ビジネスモデル全史　新世紀篇』PHP 研究所。

宮内泰介編（2006）『コモンズをささえるしくみ―レジティマシーの環境社会学―』新曜社。

三宅忠和（2009）『産業組織論の形成』桜井書店。

宮坂純一・水野清文編（2017）『現代経営学』五絃舎。

持田恵三（1995）『世界経済と農業問題―和光経済研究叢書・6―』和光大学社会経済研究所。

守屋有（2013）『グリーンマネジメント―持続可能な社会を実現するために―』中央経済社。

安田洋祐・菅原琢・大野更沙・古谷将太・萩上チキ・SYNODOS 編（2012）『日本の難題をかた
　　づけよう』光文社新書。

山田英夫（1997）『デファクト・スタンダード―市場を制覇する規格戦略―』日本経済新聞出版。

山田英夫（2014）『逆転の競争戦略』生産性出版社。

山本正治（1996）「新潟平野部に多発する胆嚢がんの原因について」,『日農医誌』第 44 巻, 第 6
　　号, 795-803 頁。

吉川洋（2009）『いまこそ, ケインズとシュンペーターに学べ―有効需要とイノベーションの経
　　済学―』ダイヤモンド社。

米倉誠一郎・清水洋編（2015）『オープン・イノベーションのマネジメント』有斐閣。

和光大学経済学部（2001）『シュンペーター・サイモンとその時代』白桃書房。

Web サイト・資料など

「一般企業の農業への参入」『農林水産省』〈https://www.maff.go.jp/j/keiei/koukai/sannyu/pdf/
　　kigyou_sannyu2.pdf〉（閲覧日：2020 年 9 月 18 日）。

伊藤元重「農業の競争力高める転機」『産経ニュース』〈http://www.sankei.com/column/news/
　　150216/clm1502160008-n2.html〉（閲覧日：2018 年 4 月 7 日）。

「海の哺乳類に「農薬危機」か, 同じ遺伝子が損傷」『NATIONAL GEOGRAPHIC』〈https://
　　headlines.yahoo.co.jp/article?a=20180816-00010003-nknatiogeo-sctch〉（閲覧日：2018
　　年 10 月 25 日）。

「M式水耕研究所」〈http://www.gfm.co.jp/〉（閲覧日：2013 年 10 月 27 日）。

太田剛志『太田農場』〈http://ohta-noujyou.com〉（閲覧日：2018 年 10 月 29 日）。

『環境ビジネスオンライン（2011 年 11 月 7 日）』〈http://www.kankyo-business.jp/〉（閲覧日：
　　2012 年 10 月 27 日）。

「危険すぎる中国産食品」『週刊文春（文春 online）』〈http://bunshun.jp/category/chugoku-
　　shokuhin〉（閲覧日：2018 年 10 月 27 日）。

「クールアース 50」『環境省』〈https://www.env.go.jp/earth/ondanka/stop2008/20-21.pdf〉（閲
　　覧日：2014 年 9 月 13 日）。

『経済産業省　植物工場に対する意識調査―デモンストレーション施設の概要―』〈http://www.
　　meti.go.jp/〉（閲覧日：2012 年 11 月 03 日）。

「耕作放棄地には「まず仕分け」を」『全国農地保有合理化組合』〈http://www.nouchi.or.jp/
　　GOURIKA/pdfFiles/tochiAndNougyou/no44/2-3.pdf〉（閲覧日：2018 年 4 月 15 日）。

「耕作放棄地の現状について」『農林水産省』〈http://www.maff.go.jp/j/nousin/tikei/houkiti/pdf/
　　genjou1103.pdf〉（閲覧日：2018 年 4 月 15 日）。

「高度環境制御施設」『農林水産省』〈http://www.maff.go.jp/j/council/sizai/kikai/14/pdf/data1_
　　b3_2.pdf〉（閲覧日：2014 年 9 月 13 日）。

「"昆虫工場" カイコで薬—九大・日下部教授ら春に事業化—100 年の研究応用，安定供給目指す」
　　『西日本新聞（2018 年）』〈https://www.nishinippon.co.jp/nnp/national/article/383960/〉
　　（閲覧日：2018 年 6 月 4 日）。

「次世代施設園芸導入加速化支援事業実施要綱の制定について」『農林水産事務次官依命通知』
　　〈http://www.maff.go.jp/j/seisan/ryutu/engei/NextGenerationHorticulture/pdf/jisedai_
　　jissiyoukou.pdf〉（閲覧日：2014 年 5 月 2 日）。

清水徹朗「農業所得・農家経済と農業経営」『農林金融 2013』15-31 頁〈http://www.nochuri.
　　co.jp/report/pdf/n1311re2.pdf〉（閲覧日：2018 年 1 月 23 日）。

「植物工場」『ECO JAPAN—成長と共生の未来へ—』〈http://eco.nikkeibp.co.jp/〉（閲覧日：
　　2012 年 11 月 7 日）。

「植物工場の事例集」『経済産業省』〈http://www.meti.go.jp/policy/local_economy/〉（閲覧日：
　　2012 年 10 月 27 日）。

「植物工場・農業ビジネス」『Innoplex』〈http://innoplex.org/archives/12133〉（閲覧日：2013 年
　　10 月 26 日）。

「植物工場の事例集」『経済産業省』〈http://www.meti.go.jp/policy/local_economy/nipponsaikoh/
　　syokubutsukojo_jireisyu.pdf〉（閲覧日：2013 年 11 月 17 日）。

「植物工場の普及・拡大に向けた政府の支援策」『経済産業省』〈http：//www.jgha.com/c-f-
　　meti.pdf〉（閲覧日：2014 年 9 月 13 日）。

「植物工場は自立できるか（Vol.1859）」『日経バイオテク Online』〈http://shokubutsukojo.org/
　　data/shiensaku_hosei21.pdf〉（閲覧日：2014 年 9 月 13 日）。

「植物工場ラボ」『株式会社リバネス』〈http://plantfactory.info/plantfactory/〉（閲覧日：2012 年
　　11 月 6 日）。

「焦点：忍び寄る食糧危機の足音，穀物急騰で我慢比べ」『REUTERS ロイター』〈http://jp.
　　reuters.com/〉（閲覧日：2012 年 10 月 7 日）。

「食料自給率」『農林水産省』〈http://www.maff.go.jp/j/zyukyu/zikyu_ritu/011.html〉（閲覧：
　　2018 年 2 月 12 日）。

「新鮮な野菜を安全に」『田倉農園（東京田無市）』〈http://takura-noen.cocolog-nifty.com/〉（閲
　　覧日：2012 年 11 月 7 日）。

「全国実態調査・優良事例調査報告書—㈱三菱総合研究所—」『平成 23 年度高度環境制御施設普
　　及・拡大事業（環境整備・人材育成事業）報告書』スーパーホルトプロジェクト協議会
　　〈http://www.jgha.com/project/sh-project/23shp-zenkokujittai.pdf〉（閲覧日：2013 年
　　11 月 18 日）。

「大和ハウスグループの "農業の工業化" 第一弾植物工場ユニット：agri-cube（アグリキューブ）
　　販売開始」『大和ハウス』〈http://www.daiwahouse.co.jp/〉（閲覧日：2012 年 11 月 3
　　日）。

「対論　高辻正基　農業ビジネスの産業化と今後の行方～植物工場が目指すあるべき「食」の
　　姿～」『日立』〈URL：http://www.hitachi-hri.com/〉（閲覧日：2012 年 10 月 27 日）。

「TPP 協定の経済効果分析について」『内閣官房 TPP 政府対策本部』〈http://www.cas.go.jp/jp/
　　tpp/kouka/pdf/151224/151224_tpp_keizaikoukabunnseki01.pdf〉（閲覧日：2018 年 4 月
　　7 日）。

「トピックⅠ」『農林水産省』〈https://www.maff.go.jp/hokuriku/kokuei/shinacho/attach/pdf/koho-35.pdf〉（閲覧日：2020 年 9 月 18 日）。

中田哲也「フード・マイレージについて」『農林水産省』〈http://www.maff.go.jp/j/council/seisaku/kikaku/goudou/06/pdf/data2.pdf〉（閲覧日：2014 年 2 月 12 日）。

「日照不足や台風等により 1,947 億円の農作物被害が発生」『農林水産省』〈http://www.maff.go.jp/j/wpaper/w_maff/h18_h/trend/1/t1_2_1_01.html〉（参照日 2018 年 10 月 25 日）。

「担い手の高齢化」『内閣官房』〈http://www.cas.go.jp/jp/tpp/pdf/2013/6/130611_nougyou.pdf〉（閲覧日：2018 年 4 月 18 日）。

「日本サブウェイ丸ビル店」『野菜ラボ』〈http://www.831lab.com/plant/〉（閲覧日：2012 年 11 月 7 日）。

「農業従事者数の変化をおしえてください」『農林水産省』〈https://www.maff.go.jp/j/heya/kodomo_sodan/0108/12.html〉（閲覧日：2020 年 9 月 2 日）。

「第 1 節 農業の構造改革の推進 (3) 担い手の動向，図：基幹的農業従事者の年齢構成」『農林水産省』〈https://www.maff.go.jp/j/wpaper/w_maff/h26/h26_h/trend/part1/chap2/c2_1_03.html〉（閲覧日：2020 年 9 月 5 日）。

「農商工連携」『経済産業省』〈http://warp.ndl.go.jp/info:ndljp/pid/3486976/www.meti.go.jp/policy/local_economy/nipponsaikoh/nipponsaikohnoushoukou.htm〉（閲覧日：2013 年 11 月 19 日）。

「農業構造動態調査（農林水産省統計部）」『農林センサス』〈http://www.maff.go.jp/j/tokei/sihyo/data/08.html〉（閲覧日：2018 年 4 月 2 日）。

「HACCP（ハサップ）」『厚生労働省』〈http://www.mhlw.go.jp/stf/seisakunitsuite/bunya/kenkou_iryou/shokuhin/haccp/〉（閲覧日：2018 年 4 月 7 日）。

「パナソニック，野菜に挑む」『日経 BP』〈http://business.nikkeibp.co.jp/〉（閲覧日：2012 年 11 月 7 日）。

「㈲林田電気システム　小さな葉っぱ」〈http://chitanavi.co.jp/?p=2646〉（閲覧日：2013 年 10 月 26 日）。

藤本真狩「植物工場の今後の展開とビジネスチャンス」『植物工場・農業ビジネス Online』57-65 頁〈http://innoplex.org/images/h22_fujimoto.pdf〉（閲覧日：2012 年 11 月 7 日）。

「ベジ探：Vegetable Total and Aggregate Information Network—野菜の輸入数量・金額・単価—」『独立行政法人　農畜産業振興機構』〈https://vegetan.alic.go.jp/yunyuudoukou.html〉（閲覧日：2020 年 9 月 19 日）。

「㈱ホト・アグリ」〈http://www.photo-agri.com/〉（閲覧日：2013 年 10 月 26 日）。

「やまと興業㈱」〈http://www.yamato-industrial.co.jp/〉（閲覧日：2013 年 10 月 26 日）。

「リステリア菌汚染メロン，日本に輸出か」『産経新聞（2018 年 4 月 11 日）』〈https://www.sankei.com/life/news/180411/lif1804110016-n1.html〉（閲覧日：2018 年 10 月 27 日）。

「労働基準法の労働時間規制」『アグリビジネス法務ガイド』〈http://legalguidetoagribusiness.com/working-hours〉（閲覧日：2019 年 2 月 16 日）。

2.　外国語文献

Abel, D. F. (1980) *Difining The Business: The Starting Point Of Strategic Planning*, Prentice-

Hall.（石井淳蔵（1984）『事業の定義：戦略計画策定の出発点』千倉書房。）

Adner, R. (2006) "Match your innovation strategy to your innovation ecosystem", *Harvard business review*, 84 (4), p.98.

Afuah, A. (2003) *Business Models: A Strategic Management Approach*, McGraw-Hill/Irwin.

Andrews, Kenneth R. (1971) *The Concept of Corporate Strategy*, Dow Jones-Irwin, Inc.（山田一郎訳（1976）『経営戦略論』再版発行，産業能率出版部。）

Ansoff, H. I. (1965) *Corporate Strategy*, McGraw-Hill, Inc.（広田寿亮訳（1969）『企業戦略論』第26版，産能大出版。）

Argyris, C. (1992) *On organizational learning*, Blackwell.

Barney, J. B. (2002) *Gaining and Sustaining Competitive Advantage, Second Edition*, Prentice Hall, Inc.（岡田正大訳（2003）『企業戦略論―上―基本編』ダイヤモンド社。）

Baumol, W. J. (2002) *The Free-Market Innovation Machine: Analyzing the Growth Miracle of Capitalism*, Princeton University Press.（中村保・山下賢二・大隅康之・常廣泰貴・柳川隆・三宅淳史訳（2010）『自由市場とイノベーション―資本主義の成長の軌跡―』勁草書房。）

Branscomb, L. M. and Auerswald, P. E. (2002) "Between Invention and Innovation", *An Analysis of Funding for Early-Stage Technology Development NIST GCR*, 02-841.

Brunswicker, S. and Ehrenmann, F. (2013) "Managing open innovation in SMEs: A good practice example of a german software firm", *International Journal of Industrial Engineering and Management, 4 (1)*, pp.33-41.

Buchanan, M. (2013) *Forecast: What Physics, Meteorology, and the Natural Sciences Can Teach Us About Economics*, Garamond Agency, Inc.（熊谷玲実訳，高安秀樹解説（2015）『市場は物理法則で動く』白揚社。）

Chesbrough, H. (2003) *Open Innovation: The New Imperative for Creating and Profiting from Technology*, Harvard Business School Corporation.（大前恵一朗訳（2004）『オープン・イノベーション』産業能率出版。）

Chesbrough, H. (2003) "The logic of open innovation: managing intellectual property", *California Management Review, 45 (3)*, pp.33-58.

Chesbrough, H. (2004) "Managing open innovation", *Research-Technology Management, 47 (1)*, pp.23-26.

Chesbrough, H. (2006) *Open Business Models: How to Thrive in the New Innovation Landscape*, Boston, Harvard Business School Press.

Chesbrough, H., Vanhaverbeke, W. and West, J. (Eds.) (2006) *Open innovation: Researching a new paradigm*, Oxford University Press.

Christensen, C. M. and Kagermann, H. (2008) "Reinventing Your Business Model", *Harvard business review, 86 (12)*, pp.57-68.

Coase, R. H. (1988) *The Firm, The Market, And The Law*, The University of Chicago.（宮沢健一・後藤明・藤垣芳文訳（1992）『企業・市場・法』東洋経済新報社。）

De Soto, J. H. (Jesús Huerta de Soto) (2008) *The Austrian School: Market Order and Entrepreneurial Creativity*.（蔵研也訳（2017）『オーストリア学派』春秋社。）

Debelak, D.（2006）*Business model made easy. Wisconsin.*, CWL Publishing Enterprises.

Drucker, P. F.（1985）*Innovation and Entrepreneurship*, Harper & Row, Publishers.（小林宏治監訳（1985）『イノベーションと企業家精神』ダイヤモンド社。）

Drucker, P. F.（1993）*The Practice of Management*, Harper & Row, Publishers, Inc.（上田惇生訳『新訳　現代の経営（上）（下）』ダイヤモンド社。）

Eisenhardt, K. M. and Martin, J.（2000）"Dynamic capabilities: what are they?", *Strategic Management Journal, 21 (10-11)*, pp.1105-1121.

Gassmann, O., Enkel, E. and Chesbrough, H.（2010）"The future of open innovation", *R&D Management, 40 (3)*, pp.213-221.

Gilbert, J. T.（1994）"Choosing an innovation strategy: Theory and practice", *Business Horizons, 37 (6)*, pp.16-22.

Hayami, Y. and Ruttan, V. W.（1971）*Agricultural Development: An International Perspective*, The Johns Hopkins Press.

Heilbroner, R. L.（1972）*In The Name of Profit*, Doubleday & Company, Inc.（太田哲夫訳（1973）『利潤追求の名の下に―企業モラルと社会的責任―』日本経済新聞社。）

Huizingh, E. K. R. E.（2011）"Open innovation: State of the art and future perspectives", *Technovation, 31 (1)*, pp.2-9.

Jacobs, J.（2000）*The Nature of Economies*, Random Hose, Inc.（香西泰・植木直子訳（2001）『経済の本質―自然から学ぶ―』日本経済新聞社。）

Kapp, K. W.（1975）*Environmental Disruption And Social Costs*, the author published（柴田徳衛・鈴木正俊訳（1975）『環境破壊と社会的費用』岩波書店。）

Kotler, P,（2002）*Marketing Management: A Framwork for marketing Management*, Prentice-Hall, Inc.（恩蔵直人監修，月谷真紀訳（2002）『マーケティング・マネジメント―ミレニアム版―』ピアソン・エデュケーション。）

Magretta, J.（2010）*Why Business Models Matter*, Harvard Business Review on Business Model Innovation, USA: HBR Publishing Corporation.

Mankiw, N. G.（2004）*Principles of Economics, Third Edition*, Thomson Learning, Inc.（足立英之・石川城太・小川英治・地主敏樹・中馬宏之・柳川隆訳（2005）『マンキュー経済学Ⅰミクロ編』第2版，東洋経済新報社。）

Marie-Monique, R.（2008）*Le Monde Selon Monsanto*, La Découverte（戸田清監訳，村澤真保呂・上尾真道訳（2015）『モンサント―世界の農業を支配する遺伝子組み換え企業―』作品社。）

McCarty, H. H.（2001）*Nobel Laureates*, McGraw-Hill Companies, Inc.（田中浩子訳（2002）『現代経済思想』日経BP。）

Meilak, C. and Bonnici, T. S.（2014）*Industrial Organization*, Malta, John Wiley & Sons, Ltd.

Mintzberg, H., Ahlstrand, B. and Lampel, J.（1998）*Strategy Safari: A Guided Tour Through The Wilds Of Strategic Management*, The Free Press.（斎藤嘉則監訳，木村充・奥澤朋美・山口あけも（1999）『戦略サファリ―戦略マネジメント・ガイドブック―』東洋経済新報社。）

Mullins, J. and Komisar, R.（2009）*Getting to Plan B: Breaking Through to a Better Business*

Model, Harvard Business Press.

Porter, M. E. (1980) *Competitive Strategy*, Macmillan Publishing Co., Inc.（土岐坤・中辻萬治・服部照夫（1982）『競争の戦略』第6版，ダイヤモンド社。）

Porter, M. E. and Kramer, M. R. (2011) "Creating Shared Value: How to reinvent capitalism- and unleash a wave of innovation and growth", *Harvard Business Review, Jan.-Feb.*（編集部訳（2011）「共通価値の戦略」，『ダイヤモンド・ハーバード・ビジネス・レビュー（6月号）』。）

Prahalad, C. K. and Krishnan, M. S. (2008) *The New Age of Innovation*, The McGraw-Hill Companies, Inc.（有賀裕子訳（2009）『イノベーションの新時代』日本経済新聞社。）

Ptrick, M. (2002) *Comprendre L'Ecologie Et Son Histoire*, Delachux et Niestle SA, Lonay-Pris.（門脇仁訳（2006）『エコロジーの歴史』緑風出版。）

Rogers, M. (1998) *The definition and measurement of innovation. Parkville*, VIC: Melbourne Institute of Applied Economic and Social Research.

Rumelt, R. P. (1974) *Strategy, Structure, And Economic Performance*, Harvard University Press.（鳥羽金一郎・山田正喜・川辺信雄・熊澤孝訳（1977）『多角化戦略と経済効果』東洋経済新報社。）

Samuelson, P. A. and Nordhaus, W. D. (1989) *Economics, Thirteenth Edition*, McGraw-Hill, Inc.（都留重人訳（2000）『サムエルソン・経済学 下』第6刷，岩波書店。）

Schumpeter, J. (1934) *The Theory of Economic Development: An inquiry into profits, capital, credit, interest, and the business cycle*, Cambridge, MA: Harvard University Press.（塩野谷祐一・中山伊知郎・東畑精一訳（1977）『経済発展の理論（上）（下）』岩波文庫。）

Skousen, M. (2005) *Vienna & Chicago, Friends or Foes?*, Regnery Publishing, Inc.（田総恵子訳（2013）『自由と市場の経済学—ウイーンとシカゴの物語—』春秋社。）

Stiglits, J. E. and Greenwald, B. C. (2015) *Creating a Learning Society*, Columbia University Press.（藪下史郎監訳，岩本千晴訳（2017）『スティグリッツのラーニング・ソサイエティ—生産性を上昇させる社会—』東洋経済新報社。）

Stiglits, J. E. and Walsh, C. E. (1993) *Economics, Third Edition*, W. W. norton & Company, Inc.（藪下史郎・秋山太郎・蟻川靖浩・大阿久博・木立力・清野一治・宮田亮訳（2006）『ミクロ経済学』第3版，東洋経済新報社。）

The Ecologist (1998) *The Monsanto Files, Vpl.28, No.5*, The Ecologist.（安田節子監訳，日本消費者連盟訳（2012）『遺伝子組み換え企業の脅威』緑風出版。）

Toma, M. (2015) "A Study on Environment Influence and New Model in Farm Management", Journal of Management Science: Plant Factories examined with the focus on New Means of Production, *Business and Accounting research, Vol.6*, pp.31-37, (International Conference on Business Management).

Toma, M. (2016) "A Study on Farm Management based on the Commons Theory: Focusing in the Additional Function of the Plant Factory Business", *Business and Accounting research, Vol.5*, pp.9-14, (International Conference on Business Management).

Toma, M., Kurakata, M., and Toma, K. (2017) "Business design to solve social problems -Consider from the teaching method of business administration-", The 2017

International Conference, Creativity and the design Industry Taiwan, pp.1-9.

Wibawa, M., Baihaqi, I., Hakim, M. S., Kunaifi, A. and Anityasari, M. (2016) *Business Model and Value Proposition Design for The Establishment of The Herbal Tourism Village in Surabaya, in International Conference on Innovation in Business and Strategy,* Kuala Lumpur.

Web サイト・資料など

Baden-Fuller, C. and Morgan, M. S. (2010) "Business Models as Models", *Long Range Planning, 43 (2),* pp.156-171. ⟨http://dx.doi.org/10.1016/j.lrp.⟩ (Accessed 05February 2010)

Goto, E. (2016) "Production of Pharmaceuticals in a Specially Designed Plant Factory". *Plant Factory,* Cambridge: Academic Press, ⟨https://www.sciencedirect.com/topics/agricultural-and-biological-sciences/plant-factory⟩ (Accessed 27September 2018)

Hirama, J. (2011) "The History and Advanced Technology of Plant Factories". ⟨https://www.jstage.jst.go.jp/article/ecb/53/2/53_47/_pdf/-char/en⟩ (Accessed 27September 2018)

Kikuchi, Y. (2016) "Biological Factor Management", *Plant Factory,* Cambridge: Academic Press. ⟨https://www.sciencedirect.com/topics/agricultural-and-biological-sciences/plant-factory⟩ (Accessed 27September 2018)

Kuack, D. (2017) "Japan Plant Factories are providing a safe, reliable food source", *Urban AG News.* ⟨http://urbanagnews.com/blog/japan-plant-factories-are-providing-a-safe-reliable-food-source/⟩ (Accessed 27September 2018)

Mitsui Fudosan, Co, Ltd., (2014) "Japan's Largest Plant Factory Producing 10,000Vegetables Daily Starts Full-Scale Operation at Kashiwa-no-ha Smart City Plant Factory", *Mitsui Fudosan,* 5 June 2014. ⟨https://www.mitsuifudosan.co.jp/english/corporate/news/2014/0605_01/⟩ (Accessed 28September 2018)

Nikkei Business Publications, Inc. (2014) "Are plant factories the future of agriculture?", Translated by *The APO News.* ⟨https://www.apo-tokyo.org/publications/wp-content/uploads/sites/5/Apo_News_Mar-Apr2014_web.pdf⟩ (Accessed 28September 2018)

Shimizu, H. (2016) "Automated Technology in Plant Factories with Artificial Lighting", *Plant Factory,* Cambridge: Academic Press. ⟨https://www.sciencedirect.com/topics/agricultural-and-biological-sciences/plant-factory⟩ (Accessed 27September 2018)

Yamaguchi, T. et al. (2016) "Education, Training, and Intensive Business Forums on Plant Factories", *Plant Factory,* Cambridge: Academic Press. ⟨https://www.sciencedirect.com/topics/agricultural-and-biological-sciences/plant-factory⟩ (Accessed 27 September 2018)

Teece, D., Pisano, G. and Shuen, A. (1997) "Dynamic capabilities and strategic management", *Strategic Management Journal, 18 (7),* pp.509-533. ⟨http://dx.doi.org/10.1002/(sici)1097-0266(199708) 18:7<509::aidsmj882>3.0.co;2-z⟩

Teece, D. (2007) "Explicating dynamic capabilities: the nature and micro-foundations of (sustainable) enterprise performance", *Strategic Management Journal, 28 (13)*, pp. 1319–1350. 〈http://dx.doi.org/10.1002/smj.640〉(Accessed May 20, 2018)

Teece, J. D. (2010) "Business Models, Business Strategy and Innovation", *Long Range Planning, 43 (2)*, 172–194. 〈http://dx.doi.org/10.1016/j.lrp.2009.07.003〉(Accessed 28 September 2018)(Accessed May 20, 2018)

Wang, A. (2011) "Plant factories: the future of farming?", *Taiwan Today*, 14Jan. 〈https://taiwantoday.tw/news.php?unit=6,23,45,6,6&post=10015〉(Accessed 27 September 2018)

索　引

著者紹介

當間政義（とうま・まさよし）

1969 年埼玉県生まれ。

立教大学大学院ビジネスデザイン研究科博士後期課程修了。

博士（経営学），博士（経営管理学），環境マネジメントシステム（ISO14001）審査員（補）。

東京農業大学生物産業学部産業経営学科（現，地域資源経営学科）講師を経て，和光大学経済経営学部経営学科教授・和光大学大学院社会文化研究科教授。

日本マネジメント学会理事（国際委員，関東部会副部会長等を歴任）。

2019 年より厚生労働省人材開発部（海外人材開発）における技能実習評価試験の整備等に関する専門家会議・構成員。

著書に，和光大学経済経営学部編（共著）『17 歳からはじめる経済・経営』（日本評論社，2017），亀川雅人・粟屋仁美・北見幸一編（共著）『市場とイノベーションの企業論』（中央経済社，2019）ほか。

食料生産に学ぶ新たなビジネス・デザイン
―産業間イノベーションの再構築へ向けて―

2021 年 3 月 10 日　第 1 版第 1 刷発行　　　　　　　　検印省略

著　者　當　間　政　義

発行者　前　野　　　隆

発行所　株式会社　文　眞　堂

東京都新宿区早稲田鶴巻町 533
電　話　03（3202）8480
ＦＡＸ　03（3203）2638
http://www.bunshin-do.co.jp
郵便番号(162-0041)　振替00120-2-96437

印刷・モリモト印刷／製本・高地製本所

©2021

定価はカバー裏に表示してあります

ISBN978-4-8309-5108-4 C3034